Proportionalteile

D	1	2	3	4	5	6	7	8	9	10
1	0	0	0	0	1	1	1	1	1	1
2	0	0	1	1	1	1	1	2	2	2
3	0	1	1	1	2	2	2	2	3	3
4	0	1	1	2	2	2	3	3	4	4
5	1	1	2	2	3	3	4	4	5	5
6	1	1	2	2	3	4	4	5	5	6
7	1	1	2	3	4	4	5	6	6	7
8	1	2	2	3	4	5	6	6	7	8
9	1	2	3	4	5	5	6	7	8	9

D	11	12	13	14	15	16	17	18	19	20
1	1	1	1	1	2	2	2	2	2	2
2	2	2	3	3	3	3	3	4	4	4
3	3	4	4	4	5	5	5	5	6	6
4	4	5	5	6	6	6	7	7	8	8
5	6	6	7	7	8	8	9	9	10	10
6	7	7	8	8	9	10	10	11	11	12
7	8	8	9	10	11	11	12	13	13	14
8	9	10	10	11	12	13	14	14	15	16
9	10	11	12	13	14	14	15	16	17	18

D	21	22	23	24	25	26	27	28	29	30
1	2	2	2	2	3	3	3	3	3	3
2	4	4	5	5	5	5	5	6	6	6
3	6	7	7	7	8	8	8	8	9	9
4	8	9	9	10	10	10	11	11	12	12
5	11	11	12	12	13	13	14	14	15	15
6	13	13	14	14	15	16	16	17	17	18
7	15	15	16	17	18	18	19	20	20	21
8	17	18	18	19	20	21	22	22	23	24
9	19	20	21	22	23	23	24	25	26	27

D	31	32	33	34	35	36	37	38	39	40
1	3	3	3	3	4	4	4	4	4	4
2	6	6	7	7	7	7	7	8	8	8
3	9	10	10	10	11	11	11	11	12	12
4	12	13	13	14	14	14	15	15	16	16
5	16	16	17	17	18	18	19	19	20	20
6	19	19	20	20	21	22	22	23	23	24
7	22	22	23	24	25	25	26	27	27	28
8	25	26	26	27	28	29	30	30	31	32
9	28	29	30	31	32	32	33	34	35	36

D	41	42	43	44	45	46	47	48	49	50
1	4	4	4	4	5	5	5	5	5	5
2	8	8	9	9	9	9	9	10	10	10
3	12	13	13	13	14	14	14	14	15	15
4	16	17	17	18	18	18	19	19	20	20
5	21	21	22	22	23	23	24	24	25	25
6	25	25	26	26	27	28	28	29	29	30
7	29	29	30	31	32	32	33	34	34	35
8	33	34	34	35	36	37	38	38	39	40
9	37	38	39	40	41	41	42	43	44	45

Proportionalteile

D	51	52	53	54	55	56	57	58	59	60
1	5	5	5	5	6	6	6	6	6	6
2	10	10	11	11	11	11	11	12	12	12
3	15	16	16	16	17	17	17	17	18	18
4	20	21	21	22	22	22	23	23	24	24
5	26	26	27	27	28	28	29	29	30	30
6	31	31	32	32	33	34	34	35	35	36
7	36	36	37	38	39	39	40	41	41	42
8	41	42	42	43	44	45	46	46	47	48
9	46	47	48	49	50	50	51	52	53	54

D	61	62	63	64	65	66	67	68	69	70
1	6	6	6	6	7	7	7	7	7	7
2	12	12	13	13	13	13	13	14	14	14
3	18	19	19	19	20	20	20	20	21	21
4	24	25	25	26	26	26	27	27	28	28
5	31	31	32	32	33	33	34	34	35	35
6	37	37	38	38	39	40	40	41	41	42
7	43	43	44	45	46	46	47	48	48	49
8	49	50	50	51	52	53	54	54	55	56
9	55	56	57	58	59	59	60	61	62	63

D	71	72	73	74	75	76	77	78	79	80
1	7	7	7	7	8	8	8	8	8	8
2	14	14	15	15	15	15	15	16	16	16
3	21	22	22	22	23	23	23	23	24	24
4	28	29	29	30	30	30	31	31	32	32
5	36	36	37	37	38	38	39	39	40	40
6	43	43	44	44	45	46	46	47	47	48
7	50	50	51	52	53	53	54	55	55	56
8	57	58	58	59	60	61	62	62	63	64
9	64	65	66	67	68	68	69	70	71	72

D	81	82	83	84	85	86	87	88	89	90
1	8	8	8	8	9	9	9	9	9	9
2	16	16	17	17	17	17	17	18	18	18
3	24	25	25	25	26	26	26	26	27	27
4	32	33	33	34	34	34	35	35	36	36
5	41	41	42	42	43	43	44	44	45	45
6	49	49	50	50	51	52	52	53	53	54
7	57	57	58	59	60	60	61	62	62	63
8	65	66	66	67	68	69	70	70	71	72
9	73	74	75	76	77	77	78	79	80	81

D	91	92	93	94	95	96	97	98	99	100
1	9	9	9	9	10	10	10	10	10	10
2	18	18	19	19	19	19	19	20	20	20
3	27	28	28	28	29	29	29	29	30	30
4	36	37	37	38	38	38	39	39	40	40
5	46	46	47	47	48	48	49	49	50	50
6	55	55	56	56	57	58	58	59	59	60
7	64	64	65	66	67	67	68	69	69	70
8	73	74	74	75	76	77	78	78	79	80
9	82	83	84	85	86	86	87	88	89	90

VIERSTELLIGE LOGARITHMEN-TAFELN

VON

DR. MAX ZACHARIAS
STUDIENRAT AM VEREINIGTEN FRIEDRICHS- UND HUMBOLDT-GYMNASIUM IN BERLIN

UND

DR. PAUL METH
STUDIENRAT AN DER HERDERSCHULE IN CHARLOTTENBURG

BERLIN UND LEIPZIG
WALTER DE GRUYTER & CO.
VORMALS G. J. GÖSCHEN'SCHE VERLAGSHANDLUNG / J. GUTTENTAG, VERLAGSBUCHHANDLUNG / GEORG REIMER / KARL J. TRÜBNER / VEIT & COMP.
1 9 2 7

Druck von Metzger & Wittig in Leipzig

Vorwort

Unser Buch enthält die gebräuchlichen Tafeln für das logarithmische und numerische Rechnen, sowie Tabellen der häufiger im mathematischen und physikalischen Unterricht gebrauchten Konstanten aus der Physik, Chemie und Astronomie.

Um bei der Benutzung der Logarithmen der Zahlen von 100—999 (S. 8—9) das Interpolieren mit den anfangs recht großen Tafeldifferenzen zu vermeiden, sind die Logarithmen aller vierstelligen Zahlen von 1000—1999 in einer besonderen Tafel gegeben worden (S. 6—7). Die fünfstelligen Logarithmen von 1000—1099 (S. 9 unten) dienen zur Berechnung der Potenzen der Zinsfaktoren.

Die Logarithmen der trigonometrischen Funktionen für Zehntel Grad (S. 10—14) sind spaltenweise angeordnet, damit die vier Funktionen eines Winkels nebeneinander zu finden sind, was bei vielen Rechnungen große Vorteile bietet. Mehrere der häufig gebrauchten vierstelligen Tafeln enthalten die Logarithmen der sin- und tang- (bzw. cos- und cotg-) Werte auf je zwei Seiten in einer Anordnung, die sie für weniger aufmerksame Rechner allzusehr der Tafel der Logarithmen der natürlichen Zahlen ähnlich erscheinen läßt. Jeder Lehrer, der nach solchen Tafeln hat rechnen lassen, weiß, wie oft Verwechselungen der drei Tabellen bei den Schülern vorkommen. Derartige Fehler sind bei der hier gewählten Anordnung vollkommen ausgeschlossen. Darin besteht ein erheblicher Vorteil dieser neuen Tafel. Daß dabei die trigonometrische Tafel um zwei Seiten länger ausfällt, kann nicht als Nachteil empfunden werden; denn als erster Gesichtspunkt für die Anordnung einer Tafel muß und kann nur die Sicherheit des Rechnens gelten. Dafür erspart man wiederum Zeit bei der hier gewählten Anordnung, weil man nicht zu blättern braucht, um verschiedene Funktionen desselben Winkels zu finden.

Für kleine Winkel (0°—5°) sind die log sin und log tang in besonderen Tafeln für Hundertstel Grad angegeben (S. 16—17). Einige häufig gebrauchte mathematische Konstanten sind auf S. 14 mit ihren Logarithmen zusammengestellt. Zur Erleichterung numerischer Rechnungen dienen die Tafeln der Quadrate (S. 20—21), der Kuben (S. 22—23), der Wurzeln, reziproken Werte und Bogenlängen von 1—100 (S. 15). Die zuletzt genannte Tafel enthält auch die natürlichen Logarithmen der Zahlen 1—100. Um das Rechnen mit den trigonometrischen Funktionen selbst zu ermöglichen, sind a) die Funktionen sin, 1 : sin, tang, cotg von 0°—90° für ganze Grade, b) die Funktionen sin und tang kleiner Winkel (0°—4,9°) für Zehntel Grad und c) die Funktionen 1 : sin und cotg von 0°—11,9° für Zehntel Grad gegeben worden (S. 18—19). Die Tafel für ganze Grad erlaubt u. a. die Interpolation für Zehntel Grad und kann daher gut zu Übungen im Interpolieren benutzt werden; die Nebentafeln b) und c) ersetzen das Interpolieren in den Fällen, in denen es zu ungenau werden würde. Die Umrechnung der Minuten und Sekunden in Dezimalteile des Grades erleichtert eine Hilfstafel (S. 19). Eine Tafel der Proportionalteile ist an der vorderen Seite des Umschlags ausklappbar angebracht.

Für Lebensversicherungsaufgaben dient die Sterbetafel S. 24 (nach „Statistik des Deutschen Reichs“, Band 240). Die Angaben in der Tafel der Geschwindigkeiten (S. 25) sind zum großen Teile Durchschnittswerte. Die physikalischen Konstanten (S. 25—29) sind aus den neuesten Auflagen von Kohlrausch, Lehrbuch der praktischen Physik; Sommerfeld, Atombau und Spektrallinien; Hütte, Des Ingenieurs Taschenbuch, und den erschienenen Bänden des Handbuchs der Physik von Geiger und Scheel entnommen. Übrigens sind in verschiedenen Fällen die Konstanten absichtlich nicht auf vier geltende Stellen angegeben worden; die Tatsache, daß die Tabellen einer vierstelligen Logarithmentafel angehängt sind, bedingt nicht die Vierstelligkeit aller in dem Buche angeführten Zahlenwerte.

Das Zahlenmaterial der astronomischen Tafeln ist in der Hauptsache dem Berliner Astron. Jahrbuche von 1927 entnommen. Daneben wurden ergänzend verwendet: Annuaire du Bureau des Longitudes 1926; Bauschinger, Tafeln zur theoretischen Astronomie; Newcomb-Engelmanns „Astronomie" (6. Aufl.) und die „Astronomie" aus Teubners „Kultur der Gegenwart".

Für die Sonnentafel (S. 32ff.) wurde 1927 als Ausgangsjahr gewählt, und zwar aus folgenden Gründen:

1. Einmal, nämlich bei Erscheinen des Buches, kann die Sonnentafel ohne Korrektur k benutzt werden.

2. Das Berl. Jahrbuch, dem die Sonnentafel entnommen ist, gibt neuerdings diese Zahlen für Greenwicher Mitternacht; Tafeln mit dem Ausgangsjahr 1900 folgen noch der älteren Einrichtung des Jahrbuches und beziehen alle Angaben auf Greenwicher Mittag. Durch die Wahl eines späteren Grundjahres wie 1927 ist eine genaue Anlehnung an die wissenschaftlichen Tafeln erreicht.

3. Für die Interpolation mit k ist 1927 als Ausgang besonders praktisch, weil in den folgenden Jahren k positiv bleibt. Der Vorzeichenwechsel von k kann zu Versehen Anlaß geben.

Die Dimensionen der Erde sind nach Hayford (1909) angegeben; diese Zahlen liegen auch den Rechnungen im Berl. Jahrbuch zugrunde. Einige Konstanten, wie die mittleren Bewegungen der Planeten, sind mit größerer Genauigkeit angegeben, als den vierstelligen Logarithmen entspricht, denn die logarithmische Rechnung würde mit den abgekürzten Werten nur illusorische Ergebnisse liefern, und man verwendet die betreffenden Konstanten besser zu Zahlenbeispielen für abgekürzte Multiplikation, also ohne Logarithmen. Die Fixsterntafel soll für eine Reihe von Jahren gültig bleiben und enthält deshalb die (von der Präzession herrührenden) jährlichen Änderungen der Koordinaten. Naturgemäß muß dabei noch eine Dezimalstelle hingeschrieben werden, die in den Hauptzahlen der Koordinaten fehlt. Mit dieser hinzukommenden Dezimale soll aber nicht in den Hauptzahlen gerechnet werden, sie dient nur dazu, nach mehreren Jahren die letzten Dezimalen der Koordinaten zu verbessern.

Die den Schluß des Buches bildende Zusammenstellung mathematischer Formeln enthält hauptsächlich solche Formeln, die schwerer zu behalten sind und nicht durch jahrelange Benutzung dem Schüler der Oberstufe völlig geläufig sein müssen.

Bei der Anordnung der Konstantentafeln und Formeln ist weniger auf Raumersparnis als auf möglichst große Übersichtlichkeit Wert gelegt worden. Eine Anleitung zum Gebrauch des Rechenschiebers ist absichtlich nicht gegeben worden, da eine solche nur bei einer über den Rahmen des Buches hinausgehenden Ausführlichkeit Nutzen bringen könnte. Bei wirklichem Gebrauch des Rechenschiebers dürfte die Benutzung eines der kleinen Spezialbücher über den Gegenstand ohnehin unerläßlich sein.

Berlin und Charlottenburg, im November 1926

Die Herausgeber

Inhalt

N.	0	1	2	3	4	5	6	7	8	9	D.
100	0000	0004	0009	0013	0017	0022	0026	0030	0035	0039	4
101	0043	0048	0052	0056	0060	0065	0069	0073	0077	0082	4
102	0086	0090	0095	0099	0103	0107	0111	0116	0120	0124	4
103	0128	0133	0137	0141	0145	0149	0154	0158	0162	0166	4
104	0170	0175	0179	0183	0187	0191	0195	0199	0204	0208	4
105	0212	0216	0220	0224	0228	0233	0237	0241	0245	0249	4
106	0253	0257	0261	0265	0269	0273	0278	0282	0286	0290	4
107	0294	0298	0302	0306	0310	0314	0318	0322	0326	0330	4
108	0334	0338	0342	0346	0350	0354	0358	0362	0366	0370	4
109	0374	0378	0382	0386	0390	0394	0398	0402	0406	0410	4
110	0414	0418	0422	0426	0430	0434	0438	0441	0445	0449	4
111	0453	0457	0461	0465	0469	0473	0477	0481	0484	0488	4
112	0492	0496	0500	0504	0508	0512	0515	0519	0523	0527	4
113	0531	0535	0538	0542	0546	0550	0554	0558	0561	0565	4
114	0569	0573	0577	0580	0584	0588	0592	0596	0599	0603	4
115	0607	0611	0615	0618	0622	0626	0630	0633	0637	0641	4
116	0645	0648	0652	0656	0660	0663	0667	0671	0674	0678	4
117	0682	0686	0689	0693	0697	0700	0704	0708	0711	0715	4
118	0719	0722	0726	0730	0734	0737	0741	0745	0748	0752	3
119	0755	0759	0763	0766	0770	0774	0777	0781	0785	0788	4
120	0792	0795	0799	0803	0806	0810	0813	0817	0821	0824	4
121	0828	0831	0835	0839	0842	0846	0849	0853	0856	0860	4
122	0864	0867	0871	0874	0878	0881	0885	0888	0892	0896	3
123	0899	0903	0906	0910	0913	0917	0920	0924	0927	0931	3
124	0934	0938	0941	0945	0948	0952	0955	0959	0962	0966	3
125	0969	0973	0976	0980	0983	0986	0990	0993	0997	1000	4
126	1004	1007	1011	1014	1017	1021	1024	1028	1031	1035	3
127	1038	1041	1045	1048	1052	1055	1059	1062	1065	1069	3
128	1072	1075	1079	1082	1086	1089	1092	1096	1099	1103	3
129	1106	1109	1113	1116	1119	1123	1126	1129	1133	1136	3
130	1139	1143	1146	1149	1153	1156	1159	1163	1166	1169	4
131	1173	1176	1179	1183	1186	1189	1193	1196	1199	1202	4
132	1206	1209	1212	1216	1219	1222	1225	1229	1232	1235	4
133	1239	1242	1245	1248	1252	1255	1258	1261	1265	1268	3
134	1271	1274	1278	1281	1284	1287	1290	1294	1297	1300	3
135	1303	1307	1310	1313	1316	1319	1323	1326	1329	1332	3
136	1335	1339	1342	1345	1348	1351	1355	1358	1361	1364	3
137	1367	1370	1374	1377	1380	1383	1386	1389	1392	1396	3
138	1399	1402	1405	1408	1411	1414	1418	1421	1424	1427	3
139	1430	1433	1436	1440	1443	1446	1449	1452	1455	1458	3
140	1461	1464	1467	1471	1474	1477	1480	1483	1486	1489	3
141	1492	1495	1498	1501	1504	1508	1511	1514	1517	1520	3
142	1523	1526	1529	1532	1535	1538	1541	1544	1547	1550	3
143	1553	1556	1559	1562	1565	1569	1572	1575	1578	1581	3
144	1584	1587	1590	1593	1596	1599	1602	1605	1608	1611	3
145	1614	1617	1620	1623	1626	1629	1632	1635	1638	1641	3
146	1644	1647	1649	1652	1655	1658	1661	1664	1667	1670	3
147	1673	1676	1679	1682	1685	1688	1691	1694	1697	1700	3
148	1703	1706	1708	1711	1714	1717	1720	1723	1726	1729	3
149	1732	1735	1738	1741	1744	1746	1749	1752	1755	1758	3
N.	**0**	**1**	**2**	**3**	**4**	**5**	**6**	**7**	**8**	**9**	**D.**

Die Logarithmen der Zahlen von 1500—1999

N.	0	1	2	3	4	5	6	7	8	9	D.
150	1761	1764	1767	1770	1772	1775	1778	1781	1784	1787	3
151	1790	1793	1796	1798	1801	1804	1807	1810	1813	1816	2
152	1818	1821	1824	1827	1830	1833	1836	1838	1841	1844	3
153	1847	1850	1853	1855	1858	1861	1864	1867	1870	1872	3
154	1875	1878	1881	1884	1886	1889	1892	1895	1898	1901	2
155	1903	1906	1909	1912	1915	1917	1920	1923	1926	1928	3
156	1931	1934	1937	1940	1942	1945	1948	1951	1953	1956	3
157	1959	1962	1965	1967	1970	1973	1976	1978	1981	1984	3
158	1987	1989	1992	1995	1998	2000	2003	2006	2009	2011	3
159	2014	2017	2019	2022	2025	2028	2030	2033	2036	2038	3
160	2041	2044	2047	2049	2052	2055	2057	2060	2063	2066	2
161	2068	2071	2074	2076	2079	2082	2084	2087	2090	2092	3
162	2095	2098	2101	2103	2106	2109	2111	2114	2117	2119	3
163	2122	2125	2127	2130	2133	2135	2138	2140	2143	2146	2
164	2148	2151	2154	2156	2159	2162	2164	2167	2170	2172	3
165	2175	2177	2180	2183	2185	2188	2191	2193	2196	2198	3
166	2201	2204	2206	2209	2212	2214	2217	2219	2222	2225	2
167	2227	2230	2232	2235	2238	2240	2243	2245	2248	2251	2
168	2253	2256	2258	2261	2263	2266	2269	2271	2274	2276	3
169	2279	2281	2284	2287	2289	2292	2294	2297	2299	2302	2
170	2304	2307	2310	2312	2315	2317	2320	2322	2325	2327	3
171	2330	2333	2335	2338	2340	2343	2345	2348	2350	2353	2
172	2355	2358	2360	2363	2365	2368	2370	2373	2375	2378	2
173	2380	2383	2385	2388	2390	2393	2395	2398	2400	2403	2
174	2405	2408	2410	2413	2415	2418	2420	2423	2425	2428	2
175	2430	2433	2435	2438	2440	2443	2445	2448	2450	2453	2
176	2455	2458	2460	2463	2465	2467	2470	2472	2475	2477	3
177	2480	2482	2485	2487	2490	2492	2494	2497	2499	2502	2
178	2504	2507	2509	2512	2514	2516	2519	2521	2524	2526	3
179	2529	2531	2533	2536	2538	2541	2543	2545	2548	2550	3
180	2553	2555	2558	2560	2562	2565	2567	2570	2572	2574	3
181	2577	2579	2582	2584	2586	2589	2591	2594	2596	2598	3
182	2601	2603	2605	2608	2610	2613	2615	2617	2620	2622	3
183	2625	2627	2629	2632	2634	2636	2639	2641	2643	2646	2
184	2648	2651	2653	2655	2658	2660	2662	2665	2667	2669	3
185	2672	2674	2676	2679	2681	2683	2686	2688	2690	2693	2
186	2695	2697	2700	2702	2704	2707	2709	2711	2714	2716	2
187	2718	2721	2723	2725	2728	2730	2732	2735	2737	2739	3
188	2742	2744	2746	2749	2751	2753	2755	2758	2760	2762	3
189	2765	2767	2769	2772	2774	2776	2778	2781	2783	2785	3
190	2788	2790	2792	2794	2797	2799	2801	2804	2806	2808	2
191	2810	2813	2815	2817	2819	2822	2824	2826	2828	2831	2
192	2833	2835	2838	2840	2842	2844	2847	2849	2851	2853	3
193	2856	2858	2860	2862	2865	2867	2869	2871	2874	2876	2
194	2878	2880	2882	2885	2887	2889	2891	2894	2896	2898	2
195	2900	2903	2905	2907	2909	2911	2914	2916	2918	2920	3
196	2923	2925	2927	2929	2931	2934	2936	2938	2940	2942	3
197	2945	2947	2949	2951	2953	2956	2958	2960	2962	2964	3
198	2967	2969	2971	2973	2975	2978	2980	2982	2984	2986	3
199	2989	2991	2993	2995	2997	2999	3002	3004	3006	3008	2
N.	**0**	**1**	**2**	**3**	**4**	**5**	**6**	**7**	**8**	**9**	**D.**

Die Logarithmen der Zahlen von 100—599 4-stellig

N.	0	1	2	3	4	5	6	7	8	9	D.
10	0000	0043	0086	0128	0170	0212	0253	0294	0334	0374	40
11	0414	0453	0492	0531	0569	0607	0645	0682	0719	0755	37
12	0792	0828	0864	0899	0934	0969	1004	1038	1072	1106	33
13	1139	1173	1206	1239	1271	1303	1335	1367	1399	1430	31
14	1461	1492	1523	1553	1584	1614	1644	1673	1703	1732	29
15	1761	1790	1818	1847	1875	1903	1931	1959	1987	2014	27
16	2041	2068	2095	2122	2148	2175	2201	2227	2253	2279	25
17	2304	2330	2355	2380	2405	2430	2455	2480	2504	2529	24
18	2553	2577	2601	2625	2648	2672	2695	2718	2742	2765	23
19	2788	2810	2833	2856	2878	2900	2923	2945	2967	2989	21
20	3010	3032	3054	3075	3096	3118	3139	3160	3181	3201	21
21	3222	3243	3263	3284	3304	3324	3345	3365	3385	3404	20
22	3424	3444	3464	3483	3502	3522	3541	3560	3579	3598	19
23	3617	3636	3655	3674	3692	3711	3729	3747	3766	3784	18
24	3802	3820	3838	3856	3874	3892	3909	3927	3945	3962	17
25	3979	3997	4014	4031	4048	4065	4082	4099	4116	4133	17
26	4150	4166	4183	4200	4216	4232	4249	4265	4281	4298	16
27	4314	4330	4346	4362	4378	4393	4409	4425	4440	4456	16
28	4472	4487	4502	4518	4533	4548	4564	4579	4594	4609	15
29	4624	4639	4654	4669	4683	4698	4713	4728	4742	4757	14
30	4771	4786	4800	4814	4829	4843	4857	4871	4886	4900	14
31	4914	4928	4942	4955	4969	4983	4997	5011	5024	5038	13
32	5051	5065	5079	5092	5105	5119	5132	5145	5159	5172	13
33	5185	5198	5211	5224	5237	5250	5263	5276	5289	5302	13
34	5315	5328	5340	5353	5366	5378	5391	5403	5416	5428	13
35	5441	5453	5465	5478	5490	5502	5514	5527	5539	5551	12
36	5563	5575	5587	5599	5611	5623	5635	5647	5658	5670	12
37	5682	5694	5705	5717	5729	5740	5752	5763	5775	5786	12
38	5798	5809	5821	5832	5843	5855	5866	5877	5888	5899	12
39	5911	5922	5933	5944	5955	5966	5977	5988	5999	6010	11
40	6021	6031	6042	6053	6064	6075	6085	6096	6107	6117	11
41	6128	6138	6149	6160	6170	6180	6191	6201	6212	6222	10
42	6232	6243	6253	6263	6274	6284	6294	6304	6314	6325	10
43	6335	6345	6355	6365	6375	6385	6395	6405	6415	6425	10
44	6435	6444	6454	6464	6474	6484	6493	6503	6513	6522	10
45	6532	6542	6551	6561	6571	6580	6590	6599	6609	6618	10
46	6628	6637	6646	6656	6665	6675	6684	6693	6702	6712	9
47	6721	6730	6739	6749	6758	6767	6776	6785	6794	6803	9
48	6812	6821	6830	6839	6848	6857	6866	6875	6884	6893	9
49	6902	6911	6920	6928	6937	6946	6955	6964	6972	6981	9
50	6990	6998	7007	7016	7024	7033	7042	7050	7059	7067	9
51	7076	7084	7093	7101	7110	7118	7126	7135	7143	7152	8
52	7160	7168	7177	7185	7193	7202	7210	7218	7226	7235	8
53	7243	7251	7259	7267	7275	7284	7292	7300	7308	7316	8
54	7324	7332	7340	7348	7356	7364	7372	7380	7388	7396	8
55	7404	7412	7419	7427	7435	7443	7451	7459	7466	7474	8
56	7482	7490	7497	7505	7513	7520	7528	7536	7543	7551	8
57	7559	7566	7574	7582	7589	7597	7604	7612	7619	7627	7
58	7634	7642	7649	7657	7664	7672	7679	7686	7694	7701	8
59	7709	7716	7723	7731	7738	7745	7752	7760	7767	7774	8
N.	**0**	**1**	**2**	**3**	**4**	**5**	**6**	**7**	**8**	**9**	**D.**

Die Logarithmen von 600—999 4-stellig, von 1000—1099 5-stellig

N.	0	1	2	3	4	5	6	7	8	9	D.
60	7782	7789	7796	7803	7810	7818	7825	7832	7839	7846	7
61	7853	7860	7868	7875	7882	7889	7896	7903	7910	7917	7
62	7924	7931	7938	7945	7952	7959	7966	7973	7980	7987	6
63	7993	8000	8007	8014	8021	8028	8035	8041	8048	8055	7
64	8062	8069	8075	8082	8089	8096	8102	8109	8116	8122	7
65	8129	8136	8142	8149	8156	8162	8169	8176	8182	8189	6
66	8195	8202	8209	8215	8222	8228	8235	8241	8248	8254	7
67	8261	8267	8274	8280	8287	8293	8299	8306	8312	8319	6
68	8325	8331	8338	8344	8351	8357	8363	8370	8376	8382	6
69	8388	8395	8401	8407	8414	8420	8426	8432	8439	8445	6
70	8451	8457	8463	8470	8476	8482	8488	8494	8500	8506	7
71	8513	8519	8525	8531	8537	8543	8549	8555	8561	8567	6
72	8573	8579	8585	8591	8597	8603	8609	8615	8621	8627	6
73	8633	8639	8645	8651	8657	8663	8669	8675	8681	8686	6
74	8692	8698	8704	8710	8716	8722	8727	8733	8739	8745	6
75	8751	8756	8762	8768	8774	8779	8785	8791	8797	8802	6
76	8808	8814	8820	8825	8831	8837	8842	8848	8854	8859	6
77	8865	8871	8876	8882	8887	8893	8899	8904	8910	8915	6
78	8921	8927	8932	8938	8943	8949	8954	8960	8965	8971	5
79	8976	8982	8987	8993	8998	9004	9009	9015	9020	9025	6
80	9031	9036	9042	9047	9053	9058	9063	9069	9074	9079	6
81	9085	9090	9096	9101	9106	9112	9117	9122	9128	9133	5
82	9138	9143	9149	9154	9159	9165	9170	9175	9180	9186	5
83	9191	9196	9201	9206	9212	9217	9222	9227	9232	9238	5
84	9243	9248	9253	9258	9263	9269	9274	9279	9284	9289	5
85	9294	9299	9304	9309	9315	9320	9325	9330	9335	9340	5
86	9345	9350	9355	9360	9365	9370	9375	9380	9385	9390	5
87	9395	9400	9405	9410	9415	9420	9425	9430	9435	9440	5
88	9445	9450	9455	9460	9465	9469	9474	9479	9484	9489	5
89	9494	9499	9504	9509	9513	9518	9523	9528	9533	9538	4
90	9542	9547	9552	9557	9562	9566	9571	9576	9581	9586	4
91	9590	9595	9600	9605	9609	9614	9619	9624	9628	9633	5
92	9638	9643	9647	9652	9657	9661	9666	9671	9675	9680	5
93	9685	9689	9694	9699	9703	9708	9713	9717	9722	9727	4
94	9731	9736	9741	9745	9750	9754	9759	9763	9768	9773	4
95	9777	9782	9786	9791	9795	9800	9805	9809	9814	9818	5
96	9823	9827	9832	9836	9841	9845	9850	9854	9859	9863	5
97	9868	9872	9877	9881	9886	9890	9894	9899	9903	9908	4
98	9912	9917	9921	9926	9930	9934	9939	9943	9948	9952	4
99	9956	9961	9965	9969	9974	9978	9983	9987	9991	9996	4
100	00000	043	087	130	173	217	260	303	346	389	43
101	00432	475	518	561	604	647	689	732	775	817	43
102	860	903	945	988	*030	*072	*115	*157	*199	*242	42
103	01284	326	368	410	452	494	536	578	620	662	41
104	703	745	787	828	870	912	953	995	*036	*078	41
105	02119	160	202	243	284	325	366	407	449	490	41
106	531	572	612	653	694	735	776	816	857	898	40
107	938	979	*019	*060	*100	*141	*181	*222	*262	*302	40
108	03342	383	423	463	503	543	583	623	663	703	40
109	743	782	822	862	902	941	981	*021	*060	*100	39
N.	**0**	**1**	**2**	**3**	**4**	**5**	**6**	**7**	**8**	**9**	**D.**

0°—5°

°	log sin	log tg	log cotg	log cos	
0,	— ∞	— ∞	∞	0.0000	**90,**
1	7.2419	7.2419	2.7581	0.0000	9
2	7.5429	7.5429	2.4571	0.0000	8
3	7.7190	7.7190	2.2810	0.0000	7
4	7.8439	7.8439	2.1561	0.0000	6
5	7.9408	7.9409	2.0591	0.0000	5
6	8.0200	8.0200	1.9800	0.0000	4
7	8.0870	8.0870	1.9130	0.0000	3
8	8.1450	8.1450	1.8550	0.0000	2
9	8.1961	8.1962	1.8038	9.9999	1
1,	8.2419	8.2419	1.7581	9.9999	**89,**
1	8.2832	8.2833	1.7167	9.9999	9
2	8.3210	8.3211	1.6789	9.9999	8
3	8.3558	8.3559	1.6441	9.9999	7
4	8.3880	8.3881	1.6119	9.9999	6
5	8.4179	8.4181	1.5819	9.9999	5
6	8.4459	8.4461	1.5539	9.9998	4
7	8.4723	8.4725	1.5275	9.9998	3
8	8.4971	8.4973	1.5027	0.9998	2
9	8.5206	8.5208	1.4792	9.9998	1
2,	8.5428	8.5431	1.4569	9.9997	**88,**
1	8.5640	8.5643	1.4357	9.9997	9
2	8.5842	8.5845	1.4155	9.9997	8
3	8.6035	8.6038	1.3962	9.9996	7
4	8.6220	8.6223	1.3777	9.9996	6
5	8.6397	8.6401	1.3599	9.9996	5
6	8.6567	8.6571	1.3429	9.9996	4
7	8.6731	8.6736	1.3264	9.9995	3
8	8.6889	8.6894	1.3106	9.9995	2
9	8.7041	8.7046	1.2954	9.9994	1
3,	8.7188	8.7194	1.2806	9.9994	**87,**
1	8.7330	8.7337	1.2663	9.9994	9
2	8.7468	8.7475	1.2525	9.9993	8
3	8.7602	8.7609	1.2391	9.9993	7
4	8.7731	8.7739	1.2261	9.9992	6
5	8.7857	8.7865	1.2135	9.9992	5
6	8.7979	8.7988	1.2012	9.9991	4
7	8.8098	8.8107	1.1893	9.9991	3
8	8.8213	8.8223	1.1777	9.9990	2
9	8.8326	8.8336	1.1664	9.9990	1
4,	8.8436	8.8446	1.1554	9.9989	**86,**
1	8.8543	8.8554	1.1446	9.9989	9
2	8.8647	8.8659	1.1341	9.9988	8
3	8.8749	8.8762	1.1238	9.9988	7
4	8.8849	8.8862	1.1138	9.9987	6
5	8.8946	8.8960	1.1040	9.9987	5
6	8.9042	8.9056	1.0944	9.9986	4
7	8.9135	8.9150	1.0850	9.9985	3
8	8.9226	8.9241	1.0759	9.9985	2
9	8.9315	8.9331	1.0669	9.9984	1
5,	8.9403	8.9420	1.0580	9.9983	**85,**
	log cos	log cotg	log tg	log sin	°

85°—90°

5°—10°

°	log sin	log tg	log cotg	log cos	
5,	8.9403	8.9420	1.0580	9.9983	**85,**
1	8.9489	8.9506	1.0494	9.9983	9
2	8.9573	8.9591	1.0409	9.9982	8
3	8.9655	8.9674	1.0326	9.9981	7
4	8.9736	8.9756	1.0244	9.9981	6
5	8.9816	8.9836	1.0164	9.9980	5
6	8.9894	8.9915	1.0085	9.9979	4
7	8.9970	8.9992	1.0008	9.9978	3
8	9.0046	9.0068	0.9932	9.9978	2
9	9.0120	9.0143	0.9857	9.9977	1
6,	9.0192	9.0216	0.9784	9.9976	**84,**
1	9.0264	9.0289	0.9711	9.9975	9
2	9.0334	9.0360	0.9640	9.9975	8
3	9.0403	9.0430	0.9570	9.9974	7
4	9.0472	9.0499	0.9501	9.9973	6
5	9.0539	9.0567	0.9433	9.9972	5
6	9.0605	9.0633	0.9367	9.9971	4
7	9.0670	9.0699	0.9301	9.9970	3
8	9.0734	9.0764	0.9236	9.9969	2
9	9.0797	9.0828	0.9172	9.9968	1
7,	9.0859	9.0891	0.9109	9.9968	**83,**
1	9.0920	9.0954	0.9046	9.9967	9
2	9.0981	9.1015	0.8985	9.9966	8
3	9.1040	9.1076	0,8924	9.9965	7
4	9.1099	9.1135	0.8865	9.9964	6
5	9.1157	9.1194	0.8806	9.9963	5
6	9.1214	9.1252	0.8748	9.9962	4
7	9.1271	9.1310	0.8690	9.9961	3
8	9.1326	9.1367	0.8633	9.9960	2
9	9.1381	9.1423	0.8577	9.9959	1
8,	9.1436	9.1478	0.8522	9.9958	**82,**
1	9.1489	9.1533	0.8467	9.9956	9
2	9.1542	9.1587	0.8413	9.9955	8
3	9.1594	9.1640	0.8360	9.9954	7
4	9.1646	9.1693	0.8307	9.9953	6
5	9.1697	9.1745	0.8255	9.9952	5
6	9.1747	9.1797	0.8203	9.9951	4
7	9.1797	9.1848	0.8152	9.9950	3
8	9.1847	9.1898	0.8102	9.9949	2
9	9.1895	9.1948	0.8052	9.9947	1
9,	9.1943	9.1997	0.8003	9.9946	**81,**
1	9.1991	9.2046	0.7954	9.9945	9
2	9.2038	9.2094	0.7906	9.9944	8
3	9.2085	9.2142	0.7858	9.9943	7
4	9.2131	9.2189	0.7811	9.9941	6
5	9.2176	9.2236	0.7764	9.9940	5
6	9.2221	9.2282	0.7718	9.9939	4
7	9.2266	9.2328	0.7672	9.9937	3
8	9.2310	9.2374	0.7626	9.9936	2
9	9.2353	9.2419	0.7581	9.9935	1
10,	9.2397	9.2463	0.7537	9.9934	**80,**
	log cos	log cotg	log tg	log sin	°

80°—85°

°	log sin	log tg	log cotg	log cos	
10,	9.2397	9.2463	0.7537	9.9934	**80,**
1	9.2439	9.2507	0.7493	9.9932	9
2	9.2482	9.2551	0.7449	9.9931	8
3	9.2524	9.2594	0.7406	9.9929	7
4	9.2565	9.2637	0.7363	9.9928	6
5	9.2606	9.2680	0.7320	9.9927	5
6	9.2647	9.2722	0.7278	9.9925	4
7	9.2687	9.2764	0.7236	9.9924	3
8	9.2727	9.2805	0.7195	9.9922	2
9	9.2767	9.2846	0.7154	9.9921	1
11,	9.2806	9.2887	0.7113	9.9919	**79,**
1	9.2845	9.2927	0.7073	9.9918	9
2	9.2883	9.2967	0.7033	9.9916	8
3	9.2921	9.3006	0.6994	9.9915	7
4	9.2959	9.3046	0.6954	9.9913	6
5	9.2997	9.3085	0.6915	9.9912	5
6	9.3034	9.3123	0.6877	9.9910	4
7	9.3070	9.3162	0.6838	9.9909	3
8	9.3107	9.3200	0.6800	9.9907	2
9	9.3143	9.3237	0.6763	9.9906	1
12,	9.3179	9.3275	0.6725	9.9904	**78,**
1	9.3214	9.3312	0.6688	9.9902	9
2	9.3250	9.3349	0.6651	9.9901	8
3	9.3284	9.3385	0.6615	9.9899	7
4	9.3319	9.3422	0.6578	9.9897	6
5	9.3353	9.3458	0.6542	9.9896	5
6	9.3387	9.3493	0.6507	9.9894	4
7	9.3421	9.3529	0.6471	9.9892	3
8	9.3455	9.3564	0.6436	9.9891	2
9	9.3488	9.3599	0.6401	9.9889	1
13,	9.3521	9.3634	0.6366	9.9887	**77,**
1	9.3554	9.3668	0.6332	9.9885	9
2	9.3586	9.3702	0.6298	9.9884	8
3	9.3618	9.3736	0.6264	9.9882	7
4	9.3650	9.3770	0.6230	9.9880	6
5	9.3682	9.3804	0.6196	9.9878	5
6	9.3713	9.3837	0.6163	9.9876	4
7	9.3745	9.3870	0.6130	9.9875	3
8	9.3775	9.3903	0.6097	9.9873	2
9	9.3806	9.3935	0.6065	9.9871	1
14,	9.3837	9.3968	0.6032	9.9869	**76,**
1	9.3867	9.4000	0.6000	9.9867	9
2	9.3897	9.4032	0.5968	9.9865	8
3	9.3927	9.4064	0.5936	9.9863	7
4	9.3957	9.4095	0.5905	9.9861	6
5	9.3986	9.4127	0.5873	9.9859	5
6	9.4015	9.4158	0.5842	9.9857	4
7	9.4044	9.4189	0.5811	9.9855	3
8	9.4073	9.4220	0.5780	9.9853	2
9	9.4102	9.4250	0.5750	9.9851	1
15,	9.4130	9.4281	0.5719	9.9849	**75,**
	log cos	log cotg	log tg	log sin	°

75°—80°

°	log sin	log tg	log cotg	log cos	
15,	9.4130	9.4281	0.5719	9.9849	**75,**
1	9.4158	9.4311	0.5689	9.9847	9
2	9.4186	9.4341	0.5659	9.9845	8
3	9.4214	9.4371	0.5629	9.9843	7
4	9.4242	9.4400	0.5600	9.9841	6
5	9.4269	9.4430	0.5570	9.9839	5
6	9.4296	9.4459	0.5541	9.9837	4
7	9.4323	9.4488	0.5512	9.9835	3
8	9.4350	9.4517	0.5483	9.9833	2
9	9.4377	9.4546	0.5454	9.9831	1
16,	9.4403	9.4575	0.5425	9.9828	**74,**
1	9.4430	9.4603	0.5397	9.9826	9
2	9.4456	9.4632	0.5368	9.9824	8
3	9.4482	9.4660	0.5340	9.9822	7
4	9.4508	9.4688	0.5312	9.9820	6
5	9.4533	9.4716	0.5284	9.9817	5
6	9.4559	9.4744	0.5256	9.9815	4
7	9.4584	9.4771	0.5229	9.9813	3
8	9.4609	9.4799	0.5201	9.9811	2
9	9.4634	9.4826	0.5174	9.9808	1
17,	9.4659	9.4853	0.5147	9.9806	**73,**
1	9.4684	9.4880	0.5120	9.9804	9
2	0.4709	9.4907	0.5093	9.9801	8
3	9.4733	9.4934	0.5066	9.9799	7
4	9.4757	9.4961	0.5039	9.9797	6
5	9.4781	9.4987	0.5013	9.9794	5
6	9.4805	9.5014	0.4986	9.9792	4
7	9.4829	9.5040	0.4960	9.9789	3
8	9.4853	9.5066	0.4934	9.9787	2
9	9.4876	9.5092	0.4908	9.9785	1
18,	9.4900	9.5118	0.4882	9.9782	**72,**
1	9.4923	9.5143	0.4857	9.9780	9
2	9.4946	9.5169	0.4831	9.9777	8
3	9.4969	9.5195	0.4805	9.9775	7
4	9.4992	9.5220	0.4780	9.9772	6
5	9.5015	9.5245	0.4755	9.9770	5
6	9.5037	9.5270	0.4730	9.9767	4
7	9.5060	9.5295	0.4705	9.9764	3
8	9.5082	9.5320	0.4680	9.9762	2
9	9.5104	9.5345	0.4655	9.9759	1
19,	9.5126	9.5370	0.4630	9.9757	**71,**
1	9.5148	9.5394	0.4606	9.9754	9
2	9.5170	9.5419	0.4581	9.9751	8
3	9.5192	9.5443	0.4557	9.9749	7
4	9.5213	9.5467	0.4533	9.9746	6
5	9.5235	9.5491	0.4509	9.9743	5
6	9.5256	9.5516	0.4484	9.9741	4
7	9.5278	9.5539	0.4461	9.9738	3
8	9.5299	9.5563	0.4437	9.9735	2
9	9.5320	9.5587	0.4413	9.9733	1
20,	9.5341	9.5611	0.4389	9.9730	**70,**
	log cos	log cotg	log tg	log sin	°

70°—75°

20°—25°

°	log sin	log tg	log cotg	log cos	
20,	9.5341	9.5611	0.4389	9.9730	**70,**
1	9.5361	9.5634	0.4366	9.9727	9
2	9.5382	9.5658	0.4342	9.9724	8
3	9.5402	9.5681	0.4319	9.9722	7
4	9.5423	9.5704	0.4296	9.9719	6
5	9.5443	9.5727	0.4273	9.9716	5
6	9.5463	9.5750	0.4250	9.9713	4
7	9.5484	9.5773	0.4227	9.9710	3
8	9.5504	9.5796	0.4204	9.9707	2
9	9.5523	9.5819	0.4181	9.9704	1
21,	9.5543	9.5842	0.4158	9.9702	**69,**
1	9.5563	9.5864	0.4136	9.9699	9
2	9.5583	9.5887	0.4113	9.9696	8
3	9.5602	9.5909	0.4091	0.9693	7
4	9.5621	9.5932	0.4068	9.9690	6
5	9.5641	9.5954	0.4046	9.9687	5
6	9.5660	9.5976	0.4024	9.9684	4
7	9.5679	9.5998	0.4002	9.9681	3
8	9.5698	9.6020	0.3980	9.9678	2
9	9.5717	9.6042	0.3958	9.9675	1
22,	9.5736	9.6064	0.3936	9.9672	**68,**
1	9.5754	9.6086	0.3914	9.9669	9
2	9.5773	9.6108	0.3892	9.9666	8
3	9.5792	9.6129	0.3871	9.9662	7
4	9.5810	9.6151	0.3849	9.9659	6
5	9.5828	9.6172	0.3828	9.9656	5
6	9.5847	9.6194	0.3806	9.9653	4
7	9.5865	9.6215	0.3785	9.9650	3
8	9.5883	9.6236	0.3764	9.9647	2
9	9.5901	9.6257	0.3743	9.9643	1
23;	9.5919	9.6279	0.3721	9.9640	**67,**
1	9.5937	9.6300	0.3700	9.9637	9
2	9.5954	9.6321	0.3679	9.9634	8
3	9.5972	9.6341	0.3659	9.9631	7
4	9.5990	9.6362	0.3638	9.9627	6
5	9.6007	9.6383	0.3617	9.9624	5
6	9.6024	9.6404	0.3596	9.9621	4
7	9.6042	9.6424	0.3576	9.9617	3
8	9.6059	9.6445	0.3555	9.9614	2
9	9.6076	9.6465	0.3535	9.9611	1
24,	9.6093	9.6486	0.3514	9.9607	**66,**
1	9.6110	9.6506	0.3494	9.9604	9
2	9.6127	9.6527	0.3473	9.9601	8
3	9.6144	9.6547	0.3453	9.9597	7
4	9.6161	9.6567	0.3433	9.9594	6
5	9.6177	9.6587	0.3413	9.9590	5
6	9.6194	9.6607	0.3393	9.9587	4
7	9.6210	9.6627	0.3373	9.9583	3
8	9.6227	9.6647	0.3353	9.9580	2
9	9.6243	9.6667	0.3333	9.9576	1
25,	9.6259	9.6687	0.3313	9.9573	**65,**
	log cos	log cotg	log tg	log sin	°

65°—70°

25°—30°

°	log sin	log tg	log cotg	log cos	
25,	9.6259	9.6687	0.3313	9.9573	**65,**
1	9.6276	9.6706	0.3294	9.9569	9
2	9.6292	9.6726	0.3274	9.9566	8
3	9.6308	9.6746	0.3254	9.9562	7
4	9.6324	9.6765	0.3235	9.9558	6
5	9.6340	9.6785	0.3215	9.9555	5
6	9.6356	9.6804	0.3196	9.9551	4
7	9.6371	9.6824	0.3176	9.9548	3
8	9.6387	9.6843	0.3157	9.9544	2
9	9.6403	9.6863	0.3137	9.9540	1
26,	9.6418	9.6882	0.3118	9.9537	**64,**
1	9.6434	9.6901	0.3099	9.9533	9
2	9.6449	9.6920	0.3080	9.9529	8
3	9.6465	9.6939	0.3061	9.9525	7
4	9.6480	9.6958	0.3042	9.9522	6
5	9.6495	9.6977	0.3023	9.9518	5
6	9.6510	9.6996	0.3004	9.9514	4
7	9.6526	9.7015	0.2985	9.9510	3
8	9.6541	9.7034	0.2966	9.9506	2
9	9.6556	9.7053	0.2947	9.9503	1
27,	9.6570	9.7072	0.2928	9.9499	**63,**
1	9.6585	9.7090	0.2910	9.9495	9
2	9.6600	9.7109	0.2891	9.9491	8
3	9.6615	9.7128	0.2872	9.9487	7
4	9.6629	9.7146	0.2854	9.9483	6
5	9.6644	9.7165	0.2835	9.9479	5
6	9.6659	9.7183	0.2817	9.9475	4
7	9.6673	9.7202	0.2798	9.9471	3
8	9.6687	9.7220	0.2780	9.9467	2
9	9.6702	9.7238	0.2762	9.9463	1
28,	9.6716	9.7257	0.2743	9.9459	**62,**
1	9.6730	9.7275	0.2725	9.9455	9
2	9.6744	9.7293	0.2707	9.9451	8
3	9.6759	9.7311	0.2689	9.9447	7
4	9.6773	9.7330	0.2670	9.9443	6
5	9.6787	9.7348	0.2652	9.9439	5
6	9.6801	9.7366	0.2634	9.9435	4
7	9.6814	9.7384	0.2616	9.9431	3
8	9.6828	9.7402	0.2598	9.9427	2
9	9.6842	9.7420	0.2580	9.9422	1
29,	9.6856	9.7438	0.2562	9.9418	**61,**
1	9.6869	9.7455	0.2545	9.9414	9
2	9.6883	9.7473	0.2527	9.9410	8
3	9.6896	9.7491	0.2509	9.9406	7
4	9.6910	9.7509	0.2491	9.9401	6
5	9.6923	9.7526	0.2474	9.9397	5
6	9.6937	9.7544	0.2456	9.9393	4
7	9.6950	9.7562	0.2438	9.9388	3
8	9.6963	9.7579	0.2421	9.9384	2
9	9.6977	9.7597	0.2403	9.9380	1
30,	9.6990	9.7614	0.2386	9.9375	**60,**
	log cos	log cotg	log tg	log sin	°

60°—65°

30°—35°

°	log sin	log tg	log cotg	log cos	
30,	9.6990	9.7614	0.2386	9.9375	**60,**
1	9.7003	9.7632	0.2368	9.9371	9
2	9.7016	9.7649	0.2351	9.9367	8
3	9.7029	9.7667	0.2333	9.9362	7
4	9.7042	9.7684	0.2316	9.9358	6
5	9.7055	9.7701	0.2299	9.9353	5
6	9.7068	9.7719	0.2281	9.9349	4
7	9.7080	9.7736	0.2264	9.9344	3
8	9.7093	9.7753	0.2247	9.9340	2
9	9.7106	9.7771	0.2229	9.9335	1
31,	9.7118	9.7788	0.2212	9.9331	**59,**
1	9.7131	9.7805	0.2195	9.9326	9
2	9.7144	9.7822	0.2178	9.9322	8
3	9.7156	9.7839	0.2161	9.9317	7
4	9.7168	9.7856	0.2144	9.9312	6
5	9.7181	9.7873	0.2127	9.9308	5
6	9.7193	9.7890	0.2110	9.9303	4
7	9.7205	9.7907	0.2093	9.9298	3
8	9.7218	9.7924	0.2076	9.9294	2
9	9.7230	9.7941	0.2059	9.9289	1
32,	9.7242	9.7958	0.2042	9.9284	**58,**
1	9.7254	9.7975	0.2025	9.9279	9
2	9.7266	9.7992	0.2008	9.9275	8
3	9.7278	9.8008	0.1992	9.9270	7
4	9.7290	9.8025	0.1975	9.9265	6
5	9.7302	9.8042	0.1958	9.9260	5
6	9.7314	9.8059	0.1941	9.9255	4
7	9.7326	9.8075	0.1925	9.9251	3
8	9.7338	9.8092	0.1908	9.9246	2
9	9.7349	9.8109	0.1891	9.9241	1
33,	9.7361	9.8125	0.1875	9.9236	**57,**
1	9.7373	9.8142	0.1858	9.9231	9
2	9.7384	9.8158	0.1842	9.9226	8
3	9.7396	9.8175	0.1825	9.9221	7
4	9.7407	9.8191	0.1809	9.9216	6
5	9.7419	9.8208	0.1792	9.9211	5
6	9.7430	9.8224	0.1776	9.9206	4
7	9.7442	9.8241	0.1759	9.9201	3
8	9.7453	9.8257	0.1743	9.9196	2
9	9.7464	9.8274	0.1726	9.9191	1
34,	9.7476	9.8290	0.1710	9.9186	**56,**
1	9.7487	9.8306	0.1694	9.9181	9
2	9.7498	9.8323	0.1677	9.9175	8
3	9.7509	9.8339	0.1661	9.9170	7
4	9.7520	9.8355	0.1645	9.9165	6
5	9.7531	9.8371	0.1629	9.9160	5
6	9.7542	9.8388	0.1612	9.9155	4
7	9.7553	9.8404	0.1596	9.9149	3
8	9.7564	9.8420	0.1580	9.9144	2
9	9.7575	9.8436	0.1564	9.9139	1
35,	9.7586	9.8452	0.1548	9.9134	**55,**
	log cos	log cotg	log tg	log sin	°

55°—60°

35°—40°

°	log sin	log tg	log cotg	log cos	
35,	9.7586	9.8452	0.1548	9.9134	**55,**
1	9.7597	9.8468	0.1532	9.9128	9
2	9.7607	9.8484	0.1516	9.9123	8
3	9.7618	9.8501	0.1499	9.9118	7
4	9.7629	9.8517	0.1483	9.9112	6
5	9.7640	9.8533	0.1467	9.9107	5
6	9.7650	9.8549	0.1451	9.9101	4
7	9.7661	9.8565	0.1435	9.9096	3
8	9.7671	9.8581	0.1419	9.9091	2
9	9.7682	9.8597	0.1403	9.9085	1
36,	9.7692	9.8613	0.1387	9.9080	**54,**
1	9.7703	9.8629	0.1371	9.9074	9
2	9.7713	9.8644	0.1356	9.9069	8
3	9.7723	9.8660	0.1340	9.9063	7
4	9.7734	9.8676	0.1324	9.9057	6
5	9.7744	9.8692	0.1308	9.9052	5
6	9.7754	9.8708	0.1292	9.9046	4
7	9.7764	9.8724	0.1276	9.9041	3
8	9.7774	9.8740	0.1260	9.9035	2
9	9.7785	9.8755	0.1245	9.9029	1
37,	9.7795	9.8771	0.1229	9.9023	**53,**
1	9.7805	9.8787	0.1213	9.9018	9
2	9.7815	9.8803	0.1197	9.9012	8
3	9.7825	9.8818	0.1182	9.9006	7
4	9.7835	9.8834	0.1166	9.9000	6
5	9.7844	9.8850	0.1150	9.8995	5
6	9.7854	9.8865	0.1135	9.8989	4
7	9.7864	9.8881	0.1119	9.8983	3
8	9.7874	9.8897	0.1103	9.8977	2
9	9.7884	9.8912	0.1088	9.8971	1
38,	9.7893	9.8928	0.1072	9.8965	**52,**
1	9.7903	9.8944	0.1056	9.8959	9
2	9.7913	9.8959	0.1041	9.8953	8
3	9.7922	9.8975	0.1025	9.8947	7
4	9.7932	9.8990	0.1010	9.8941	6
5	9.7941	9.9006	0.0994	9.8935	5
6	9.7951	9.9022	0.0978	9.8929	4
7	9.7960	9.9037	0.0963	9.8923	3
8	9.7970	9.9053	0.0947	9.8917	2
9	9.7979	9.9068	0.0932	9.8911	1
39,	9.7989	9.9084	0.0916	9.8905	**51,**
1	9.7998	9.9099	0.0901	9.8899	9
2	9.8007	9.9115	0.0885	9.8893	8
3	9.8017	9.9130	0.0870	9.8887	7
4	9.8026	9.9146	0.0854	9.8880	6
5	9.8035	9.9161	0.0839	9.8874	5
6	9.8044	9.9176	0.0824	9.8868	4
7	9.8053	9.9192	0.0808	9.8862	3
8	9.8063	9.9207	0.0793	9.8855	2
9	9.8072	9.9223	0.0777	9.8849	1
40,	9.8081	9.9238	0.0762	9.8843	**50,**
	log cos	log cotg	log tg	log sin	°

50°—55°

40°—45°

°	log sin	log tg	log cotg	log cos	
40,	9.8081	9.9238	0.0762	9.8843	50,
1	9.8090	9.9254	0.0746	9.8836	9
2	9.8099	9.9269	0.0731	9.8830	8
3	9.8108	9.9284	0.0716	9.8823	7
4	9.8117	9.9300	0.0700	9.8817	6
5	9.8125	9.9315	0.0685	9.8810	5
6	9.8134	9.9330	0.0670	9.8804	4
7	9.8143	9.9346	0.0654	9.8797	3
8	9.8152	9.9361	0.0639	9.8791	2
9	9.8161	9.9376	0.0624	9.8784	1
41,	9.8169	9.9392	0.0608	9.8778	49,
1	9.8178	9.9407	0.0593	9.8771	9
2	9.8187	9.9422	0.0578	9.8765	8
3	9.8195	9.9438	0.0562	9.8758	7
4	9.8204	9.9453	0.0547	9.8751	6
5	9.8213	9.9468	0.0532	9.8745	5
6	9.8221	9.9483	0.0517	9.8738	4
7	9.8230	9.9499	0.0501	9.8731	3
8	9.8238	9.9514	0.0486	9.8724	2
9	9.8247	9.9529	0.0471	9.8718	1
42,	9.8255	9.9544	0.0456	9.8711	48,
1	9.8264	9.9560	0.0440	9.8704	9
2	9.8272	9.9575	0.0425	9.8697	8
3	9.8280	9.9590	0.0410	9.8690	7
4	9.8289	9.9605	0.0395	9.8683	6
5	9.8297	9.9621	0.0379	9.8676	5
6	9.8305	9.9636	0.0364	9.8669	4
7	9.8313	9.9651	0.0349	9.8662	3
8	9.8322	9.9666	0.0334	9.8655	2
9	9.8330	9.9681	0.0319	9.8648	1
43,	9.8338	9.9697	0.0303	9.8641	47,
1	9.8346	9.9712	0.0288	9.8634	9
2	9.8354	9.9727	0.0273	9.8627	8
3	9.8362	9.9742	0.0258	9.8620	7
4	9.8370	9.9757	0.0243	9.8613	6
5	9.8378	9.9772	0.0228	9.8606	5
6	9.8386	9.9788	0.0212	9.8598	4
7	9.8394	9.9803	0.0197	9.8591	3
8	9.8402	9.9818	0.0182	9.8584	2
9	9.8410	9.9833	0.0167	9.8577	1
44,	9.8418	9.9848	0.0152	9.8569	46,
1	9.8426	9.9864	0.0136	9.8562	9
2	9.8433	9.9879	0.0121	9.8555	8
3	9.8441	9.9894	0.0106	9.8547	7
4	9.8449	9.9909	0.0091	9.8540	6
5	9.8457	9.9924	0.0076	9.8532	5
6	9.8464	9.9939	0.0061	9.8525	4
7	9.8472	9.9955	0.0045	9.8517	3
8	9.8480	9.9970	0.0030	9.8510	2
9	9.8487	9.9985	0.0015	9.8502	1
45,	9.8495	0.0000	0.0000	9.8495	45,
	log cos	log cotg	log tg	log sin	°

45°—50°

Mathematische Konstanten

	n	$\log n$	$\log \frac{1}{n}$
π	3,1416	0.4971	0.5029—1
2π	6,283	0.7982	0.2018—1
4π	12,566	1.0992	0.9008—2
$\frac{\pi}{2}$	1,571	0.1961	0.8039—1
$\frac{\pi}{3}$	1,047	0.0200	0.9800—1
$\frac{\pi}{4}$	0,7854	0.8951—1	0.1049
$\frac{\pi}{6}$	0,5236	0.7190—1	0.2810
$\frac{4\pi}{3}$	4,189	0.6221	0.3779—1
$\sqrt{\pi}$	1,772	0.2486	0.7514—1
$\sqrt{\frac{\pi}{4}}$	0,8862	0.9475—1	0.0525
$\sqrt[3]{\frac{4\pi}{3}}$	1,612	0.2074	0.7926—1
$\sqrt[3]{\frac{\pi}{6}}$	0,8060	0.9063—1	0.0937
π^2	9,870	0.9943	0.0057—1

$e = 2{,}7183 \qquad \log e = 0.4343$

$1 : \log e = \ln 10 = 2{,}3026$

$\ln a = \ln 10 \cdot \log a = 2{,}3026 \cdot \log a$

$\log a = \log e \cdot \ln a = 0.4343 \cdot \ln a$

$1 = \text{arc}\,\varphi = \text{arc}\,57{,}30^\circ$

$\text{arc}\,1^\circ = \frac{\pi}{180} = 0{,}01745$

$\text{arc}\,1' = 0{,}000\,290\,89$

$\text{arc}\,1'' = 0{,}000\,004\,85$

$\log \varphi = 1.7581$

$\log \text{arc}\,1^\circ = 0.2419—2$

$\log \text{arc}\,1' = 0.4637—4$

$\log \text{arc}\,1'' = 0.6856—6$

Wurzeln, reziproke Werte, Bogenlängen und natürliche Logarithmen

n	$\sqrt{n}$	$\sqrt[3]{n}$	$\frac{1000}{n}$	arc n^0	$l\,n$	n	$\sqrt{n}$	$\sqrt[3]{n}$	$\frac{1000}{n}$	arc n^0	$l\,n$
1	1,000	1,000	1000,0	0,0175	0.000	51	7,141	3,708	19,61	0,8901	3.932
2	414	260	500,0	0349	693	52	211	733	23	9076	951
3	732	442	333,3	0524	1.099	53	280	756	18,87	9250	970
4	2,000	1,587	250,0	0,0698	1.386	54	7,348	3,780	18,52	0,9425	3.989
5	236	710	200,0	0873	609	55	416	803	18	9599	4.007
6	449	817	166,7	1047	792	56	483	826	17,86	9774	025
7	2,646	1,913	142,9	0,1222	1.946	57	7,550	3,849	17,54	0,9948	4.043
8	828	2,000	125,0	1396	2.079	58	616	871	24	1,0123	060
9	3,000	080	111,1	1571	197	59	681	893	16,95	0297	078
10	3,162	2,154	100,0	0,1745	2.303	**60**	7,746	3,915	16,67	1,0472	4.094
11	3,317	2,224	90,91	0,1920	2.398	61	7,810	3,936	16,39	1,0647	4.111
12	464	289	83,33	2094	485	62	874	958	13	0821	127
13	606	351	76,92	2269	565	63	937	979	15,87	0996	143
14	3,742	2,410	71,43	0,2443	2.639	64	8,000	4,000	15,63	1,1170	4.159
15	873	466	66,67	2618	708	65	062	021	38	1345	174
16	4,000	520	62,50	2793	773	66	124	041	15	1519	190
17	4,123	2,571	58,82	0,2967	2.833	67	8,185	4,062	14,93	1,1694	4.205
18	243	621	55,56	3142	890	68	246	082	71	1868	220
19	359	668	52,63	3316	944	69	307	102	49	2043	234
20	4,472	2,714	50,00	0,3491	2.996	**70**	8,367	4,121	14,29	1,2217	4.248
21	4,583	2,759	47,62	0,3665	3.045	71	8,426	4,141	14,08	1,2392	4.263
22	690	802	45,45	3840	091	72	485	160	13,89	2566	277
23	796	844	43,48	4014	135	73	544	179	70	2741	290
24	4,899	2,884	41,67	0,4189	3.178	74	8,602	4,198	13,51	1,2915	4.304
25	5,000	924	40,00	4363	219	75	660	217	33	3090	317
26	099	962	38,46	4538	258	76	718	236	16	3265	331
27	5,196	3,000	37,04	0,4712	3.296	77	8,775	4,254	12,99	1,3439	4.344
28	292	037	35,71	4887	332	78	832	273	82	3614	357
29	385	072	34,48	5061	367	79	888	291	66	3788	369
30	5,477	3,107	33,33	0,5236	3.401	**80**	8,944	4,309	12,50	1,3963	4.382
31	5,568	3,141	32,26	0,5411	3.434	81	9,000	4,327	12,35	1,4137	4.394
32	657	175	31,25	5585	466	82	055	344	20	4312	407
33	745	208	30,30	5760	497	83	110	362	05	4486	419
34	5,831	3,240	29,41	0,5934	3.526	84	9,165	4,380	11,90	1,4661	4.431
35	916	271	28,57	6109	555	85	220	397	76	4835	443
36	6,000	302	27,78	6283	584	86	274	414	63	5010	454
37	6,083	3,332	27,03	0,6458	3.611	87	9,327	4,431	11,49	1,5184	4.466
38	164	362	26,32	6632	638	88	381	448	36	5359	477
39	245	391	25,64	6807	664	89	434	465	24	5533	489
40	6,325	3,420	25,00	0,6981	3.689	**90**	9,487	4,481	11,11	1,5708	4.500
41	6,403	3,448	24,39	0,7156	3.714	91	9,539	4,498	10,99	1,5882	4.511
42	481	476	23,81	7330	738	92	592	514	87	6057	522
43	557	503	26	7505	761	93	644	531	75	6232	533
44	6,633	3,530	22,73	0,7679	3.784	94	9,695	4,547	10,64	1,6406	4.543
45	708	557	22	7854	807	95	747	563	53	6581	554
46	782	583	21,74	8029	829	96	798	579	42	6755	564
47	6,856	3,609	21,28	0,8203	3.850	97	9,849	4,595	10,31	1,6930	4.575
48	928	634	20,83	8378	871	98	899	610	20	7104	585
49	7,000	659	41	8552	892	99	950	626	10	7279	595
50	7,071	3,684	20,00	0,8727	3.912	**100**	10,000	4,642	10,00	1,7453	4.605

Grad	0	1	2	3	4	5	6	7	8	9	D.
0,0	—∞	6.2419	5429	7190	8439	9408	*0200	*0870	*1450	*1961	—
1	7.2419	2833	3211	3558	3880	4180	4460	4723	4971	5206	—
2	5429	5641	5843	6036	6221	6398	6568	6732	6890	7043	147
3	7190	7332	7470	7604	7734	7859	7982	8101	8217	8329	110
4	7.8439	8547	8651	8753	8853	8951	9046	9140	9231	9321	87
5	9408	9494	9579	9661	9743	9822	9901	9977	*0053	*0127	73
6	8.0200	0272	0343	0412	0480	0548	0614	0679	0744	0807	63
7	8.0870	0931	0992	1052	1111	1169	1227	1284	1340	1395	55
8	1450	1503	1557	1609	1661	1713	1764	1814	1863	1912	49
9	1961	2009	2056	2103	2150	2196	2241	2286	2331	2375	44
1,0	8.2419	2462	2505	2547	2589	2630	2672	2712	2753	2793	39
1	8.2832	2872	2911	2949	2988	3025	3063	3100	3137	3174	36
2	3210	3246	3282	3317	3353	3388	3422	3456	3491	3524	34
3	3558	3591	3624	3657	3689	3722	3754	3786	3817	3848	32
4	8.3880	3911	3941	3972	4002	4032	4062	4091	4121	4150	29
5	4179	4208	4237	4265	4293	4322	4349	4377	4405	4432	27
6	4459	4486	4513	4540	4567	4593	4619	4645	4671	4697	26
7	8.4723	4748	4773	4799	4824	4848	4873	4898	4922	4947	24
8	4971	4995	5019	5043	5066	5090	5113	5136	5160	5183	23
9	5206	5228	5251	5274	5296	5318	5340	5363	5385	5406	22
2,0	8.5428	5450	5471	5493	5514	5535	5557	5578	5598	5619	21
1	8.5640	5661	5681	5702	5722	5742	5762	5782	5802	5822	20
2	5842	5862	5881	5901	5920	5939	5959	5978	5997	6016	19
3	6035	6054	6072	6091	6110	6128	6147	6165	6183	6201	19
4	8.6220	6238	6256	6274	6291	6309	6327	6344	6362	6379	18
5	6397	6414	6431	6449	6466	6483	6500	6517	6534	6550	17
6	6567	6584	6600	6617	6633	6650	6666	6682	6699	6715	16
7	8.6731	6747	6763	6779	6795	6810	6826	6842	6858	6873	16
8	6889	6904	6920	6935	6950	6965	6981	6996	7011	7026	15
9	7041	7056	7071	7086	7100	7115	7130	7144	7159	7174	14
3,0	8.7188	7202	7217	7231	7245	7260	7274	7288	7302	7316	14
1	8.7330	7344	7358	7372	7386	7400	7413	7427	7441	7454	14
2	7468	7482	7495	7508	7522	7535	7549	7562	7575	7588	14
3	7602	7615	7628	7641	7654	7667	7680	7693	7705	7718	13
4	8.7731	7744	7756	7769	7782	7794	7807	7819	7832	7844	13
5	7857	7869	7881	7894	7906	7918	7930	7943	7955	7967	12
6	7979	7991	8003	8015	8027	8039	8051	8062	8074	8086	12
7	8.8098	8109	8121	8133	8144	8156	8168	8179	8191	8202	11
8	8213	8225	8236	8248	8259	8270	8281	8293	8304	8315	11
9	8326	8337	8348	8359	8370	8381	8392	8403	8414	8425	11
4,0	8.8436	8447	8457	8468	8479	8490	8500	8511	8522	8532	11
1	8.8543	8553	8564	8575	8585	8595	8606	8616	8627	8637	10
2	8647	8658	8668	8678	8688	8699	8709	8719	8729	8739	10
3	8749	8759	8769	8780	8790	8799	8809	8819	8829	8839	10
4	8.8849	8859	8869	8878	8888	8898	8908	8917	8927	8937	9
5	8946	8956	8966	8975	8985	8994	9004	9013	9023	9032	10
6	9042	9051	9060	9070	9079	9089	9098	9107	9116	9126	9
7	8.9135	9144	9153	9162	9172	9181	9190	9199	9208	9217	9
8	9226	9235	9244	9253	9262	9271	9280	9289	9298	9307	8
9	9315	9324	9333	9342	9351	9359	9368	9377	9386	9394	9
Grad	**0**	**1**	**2**	**3**	**4**	**5**	**6**	**7**	**8**	**9**	**D.**

Grad	0	1	2	3	4	5	6	7	8	9	D.
0,0	—∞	6.2419	5429	7190	8439	9408	*0200	*0870	*1450	*1961	—
1	7.2419	2833	3211	3558	3880	4180	4460	4723	4972	5206	—
2	5429	5641	5843	6036	6221	6398	6569	6732	6890	7043	147
3	7190	7332	7470	7604	7734	7860	7982	8101	8217	8329	110
4	7.8439	8547	8651	8754	8853	8951	9046	9140	9231	9321	88
5	9409	9495	9579	9662	9743	9823	9901	9978	*0053	*0127	73
6	8.0200	0272	0343	0412	0481	0548	0614	0680	0744	0807	63
7	8.0870	0932	0992	1052	1111	1170	1227	1284	1340	1395	55
8	1450	1504	1557	1610	1662	1713	1764	1814	1864	1913	49
9	1962	2010	2057	2104	2150	2196	2242	2287	2331	2376	43
1,0	8.2419	2462	2505	2548	2590	2631	2672	2713	2754	2794	39
1	8.2833	2873	2912	2950	2988	3026	3064	3101	3138	3175	36
2	3211	3247	3283	3318	3354	3389	3423	3458	3492	3525	34
3	3559	3592	3625	3658	3691	3723	3755	3787	3818	3850	31
4	8.3881	3912	3943	3973	4003	4033	4063	4093	4122	4152	29
5	4181	4210	4238	4267	4295	4323	4351	4379	4406	4434	27
6	4461	4488	4515	4542	4568	4595	4621	4647	4673	4699	26
7	8.4725	4750	4775	4801	4826	4851	4875	4900	4924	4949	24
8	4973	4997	5021	5045	5068	5092	5115	5139	5162	5185	23
9	5208	5231	5253	5276	5298	5321	5343	5365	5387	5409	22
2,0	8.5431	5453	5474	5496	5517	5538	5559	5580	5601	5622	21
1	8.5643	5664	5684	5705	5725	5745	5765	5785	5805	5825	20
2	5845	5865	5884	5904	5923	5943	5962	5981	6000	6019	19
3	6038	6057	6076	6095	6113	6132	6150	6169	6187	6205	18
4	8.6223	6242	6260	6277	6295	6313	6331	6348	6366	6384	17
5	6401	6418	6436	6453	6470	6487	6504	6521	6538	6555	16
6	6571	6588	6605	6621	6638	6654	6671	6687	6703	6719	17
7	8.6736	6752	6768	6784	6800	6815	6831	6847	6863	6878	16
8	6894	6909	6925	6940	6956	6971	6986	7001	7016	7031	15
9	7046	7061	7076	7091	7106	7121	7136	7150	7165	7179	15
3,0	8.7194	7208	7223	7237	7252	7266	7280	7294	7308	7323	14
1	8.7337	7351	7365	7379	7392	7406	7420	7434	7448	7461	14
2	7475	7488	7502	7515	7529	7542	7556	7569	7582	7596	13
3	7609	7622	7635	7648	7661	7674	7687	7700	7713	7726	13
4	8.7739	7751	7764	7777	7790	7802	7815	7827	7840	7852	13
5	7865	7877	7890	7902	7914	7927	7939	7951	7963	7975	13
6	7988	8000	8012	8024	8036	8048	8059	8071	8083	8095	12
7	8.8107	8119	8130	8142	8154	8165	8177	8188	8200	8212	11
8	8223	8234	8246	8257	8269	8280	8291	8302	8314	8325	11
9	8336	8347	8358	8370	8381	8392	8403	8414	8425	8436	10
4,0	8.8446	8457	8468	8479	8490	8501	8511	8522	8533	8543	11
1	8.8554	8565	8575	8586	8496	8607	8617	8628	8638	8649	10
2	8659	8669	8680	8690	8700	8711	8721	8731	8741	8751	11
3	8762	8772	8782	8792	8802	8812	8822	8832	8842	8852	10
4	8.8862	8872	8882	8891	8901	8911	8921	8931	8940	8950	10
5	8960	8970	8979	8989	8998	9008	9018	9027	9037	9046	10
6	9056	9065	9075	9084	9093	9103	9112	9122	9131	9140	10
7	8.9150	9159	9168	9177	9186	9196	9205	9214	9223	9232	9
8	9241	9250	9260	9269	9278	9287	9296	9305	9313	9322	9
9	9331	9340	9349	9358	9367	9376	9384	9393	9402	9411	9
Grad	**0**	**1**	**2**	**3**	**4**	**5**	**6**	**7**	**8**	**9**	**D.**

Trigonometrische Funktionen

Grad	sin	tang
0,0	0,00000	0,00000
0,1	0,001745	0,001745
2	00349	00349
3	00524	00524
0,4	0,00698	0,00698
5	00873	00873
6	01047	01047
0,7	0,01222	0,01222
8	01396	01396
9	01571	01571
1,0	0,01745	0,01746
1,1	0,01920	0,01920
2	02094	02095
3	02269	02269
1,4	0,0244	0,02444
5	0262	0262
6	0279	0279
1,7	0,0297	0,0297
8	0314	0314
9	0332	0332
2,0	0,0349	0,0349
2,1	0,0366	0,0367
2	0384	0384
3	0401	0402
2,4	0,0419	0,0419
5	0436	0437
6	0454	0454
2,7	0,0471	0,0472
8	0488	0489
9	0506	0507
3,0	0,0523	0,0524
3,1	0,0541	0,0542
2	0558	0559
3	0576	0577
3,4	0,0593	0,0594
5	0610	0612
6	0628	0629
3,7	0,0645	0,0647
8	0663	0664
9	0680	0682
4,0	0,0698	0,0699
4,1	0,0715	0,0717
2	0732	0734
3	0750	0752
4,4	0,0767	0,0769
5	0785	0787
6	0802	0805
4,7	0,0819	0,0822
8	0837	0840
9	0854	0857
Grad	sin	tang

Grad	sin	1 : sin	tang	cotg	1 : cos	cos	
0	0	∞	0	∞	1	1	**90**
1	0,01745	57,3	0,01746	57,3	1,000	1,000	89
2	0349	28,65	0349	28,6	001	0,999	88
3	0523	19,11	0524	19,1	001	0,999	87
4	0,0698	14,34	0,0699	14,3	1,002	0,998	86
5	0872	11,47	0875	11,43	004	996	85
6	1045	9,57	1051	9,51	006	995	84
7	0,1219	8,21	0,1228	8,14	1,008	0,993	83
8	1392	7,19	1405	7,12	010	990	82
9	1564	6,39	1584	6,31	012	988	81
10	0,1736	5,76	0,1763	5,67	1,015	0,985	**80**
11	0,191	5,24	0,1944	5,14	1,019	0,982	79
12	208	4,81	2126	4,70	022	978	78
13	225	4,45	231	4,33	026	974	77
14	0,242	4,13	0,249	4,01	1,031	0,970	76
15	259	3,86	268	3,73	035	966	75
16	276	3,63	287	3,49	040	961	74
17	0,292	3,42	0,306	3,27	1,046	0,956	73
18	309	3,24	325	3,08	051	951	72
19	326	3,07	344	2,90	058	946	71
20	0,342	2,92	0,364	2,75	1,064	0,940	**70**
21	0,358	2,79	0,384	2,605	1,071	0,934	69
22	375	2,67	404	2,475	079	927	68
23	391	2,56	424	2,356	086	921	67
24	0,407	2,46	0,445	2,246	1,095	0,914	66
25	423	2,366	466	2,145	103	906	65
26	438	2,281	488	2,050	113	899	64
27	0,454	2,203	0,510	1,963	1,122	0,891	63
28	469	2,130	532	1,881	133	883	62
29	485	2,063	554	1,804	143	875	61
30	0,5	2	0,577	1,732	1,155	0,866	**60**
31	0,515	1,942	0,601	1,664	1,167	0,857	59
32	530	1,887	625	1,600	179	848	58
33	545	1,836	649	1,540	192	839	57
34	0,559	1,788	0,675	1,483	1,206	0,829	56
35	574	1,743	700	1,428	221	819	55
36	588	1,701	727	1,376	236	809	54
37	0,602	1,662	0,754	1,327	1,252	0,799	53
38	616	1,624	781	1,280	269	788	52
39	629	1,589	810	1,235	287	777	51
40	0,643	1,556	0,839	1,192	1,305	0,766	**50**
41	0,656	1,524	0,869	1,150	1,325	0,755	49
42	669	1,494	900	1,111	346	743	48
43	682	1,466	933	1,072	367	731	47
44	0,695	1,440	0,966	1,036	1,390	0,719	46
45	0,707	1,414	1	1	1,414	0,707	45
	cos	1 : cos	cotg	tang	1 : sin	sin	Grad

Die Werte von 1 : sin und cotg 0° bis 11,9° für Zehntel Grad ergibt die Hilfstafel S. 19. Von 12° ab genügt die Interpolation.

Die Funktionen 1 : sin und cotg von 0° — 11,9° für Zehntel Grad

Grad	1 : sin	cotg	Grad	1 : sin	cotg	Grad	1 : sin	cotg	Grad	1 : sin	cotg
0,0	∞	∞	3,0	19,11	19,08	6,0	9,567	9,514	9,0	6,392	6,314
0,1	573,0	573,0	3,1	18,49	18,46	6,1	9,411	9,357	9,1	6,323	6,243
2	286,5	286,5	2	17,91	17,89	2	9,259	9,205	2	6,255	6,174
3	191,0	191,0	3	17,37	17,34	3	9,113	9,058	3	6,188	6,107
0,4	143,2	143,2	3,4	16,86	16,83	6,4	8,971	8,915	9,4	6,123	6,041
5	114,6	114,6	5	16,38	16,35	5	8,834	8,777	5	6,059	5,976
6	95,49	95,49	6	15,93	15,89	6	8,700	8,643	6	5,996	5,912
0,7	81,85	81,85	3,7	15,50	15,46	6,7	8,571	8,513	9,7	5,935	5,850
8	71,62	71,62	8	15,09	15,06	8	8,446	8,386	8	5,875	5,789
9	63,66	63,66	9	14,70	14,67	9	8,324	8,264	9	5,816	5,730
1,0	57,30	57,29	4,0	14,34	14,30	7,0	8,206	8,144	10,0	5,759	5,671
1,1	52,09	52,08	4,1	13,99	13,95	7,1	8,091	8,028	10,1	5,702	5,614
2	47,75	47,74	2	13,65	13,62	2	7,979	7,916	2	5,647	5,558
3	44,08	44,07	3	13,34	13,30	3	7,870	7,806	3	5,593	5,503
1,4	40,93	40,92	4,4	13,03	13,00	7,4	7,764	7,700	10,4	5,540	5,449
5	38,20	38,19	5	12,75	12,71	5	7,661	7,596	5	5,487	5,396
6	35,81	35,80	6	12,47	12,43	6	7,561	7,495	6	5,436	5,343
1,7	33,71	33,69	4,7	12,20	12,16	7,7	7,463	7,396	10,7	5,386	5,292
8	31,84	31,82	8	11,95	11,91	8	7,368	7,300	8	5,337	5,242
9	30,16	30,14	9	11,71	11,66	9	7,276	7,207	9	5,288	5,193
2,0	28,65	28,64	5,0	11,47	11,43	8,0	7,185	7,115	11,0	5,241	5,145
2,1	27,29	27,27	5,1	11,25	11,20	8,1	7,097	7,026	11,1	5,194	5,097
2	26,05	26,03	2	11,03	10,99	2	7,011	6,940	2	5,148	5,050
3	24,92	24,90	3	10,83	10,78	3	6,927	6,855	3	5,103	5,005
2,4	23,88	23,86	5,4	10,63	10,58	8,4	6,845	6,772	11,4	5,059	4,959
5	22,93	22,90	5	10,43	10,39	5	6,765	6,691	5	5,016	4,915
6	22,04	22,02	6	10,25	10,20	6	6,687	6,612	6	4,973	4,872
2,7	21,23	21,20	5,7	10,07	10,02	8,7	6,611	6,535	11,7	4,931	4,829
8	20,47	20,45	8	9,895	9,845	8	6,537	6,460	8	4,890	4,787
9	19,77	19,74	9	9,728	9,677	9	6,464	6,386	9	4,850	4,745

Trigon. Funkt.

Minuten und Sekunden als Dezimalteile des Grades

Min.	0	1	2	3	4	5	6	7	8	9	Min.
0	0,000	0,017	0,033	0,050	0,067	0,083	0,100	0,117	0,133	0,150	0
10	167	183	200	217	233	250	267	283	300	317	10
20	333	350	367	383	400	417	433	450	467	483	20
30	0,500	0,517	0,533	0,550	0,567	0,583	0,600	0,617	0,633	0,650	30
40	667	683	700	717	733	750	767	783	800	817	40
50	833	850	867	883	900	917	933	950	967	983	50
Sek.	**0**	**1**	**2**	**3**	**4**	**5**	**6**	**7**	**8**	**9**	**Sek.**
0	0,000	0,000	0,001	0,001	0,001	0,001	0,002	0,002	0,002	0,003	0
10	003	003	003	004	004	004	004	005	005	005	10
20	006	006	006	006	007	007	007	008	008	008	20
30	0,008	0,009	0,009	0,009	0,009	0,010	0,010	0,010	0,011	0,011	30
40	011	011	012	012	012	013	013	013	013	014	40
50	014	014	014	015	015	015	016	016	016	016	50

Quadrate von 10,0—54,9

Zahl	,0	,1	,2	,3	,4	,5	,6	,7	,8	,9	D.
10	100	102,0	104,0	106,1	108,2	110,3	112,4	114,5	116,6	118,8	2,2
11	121	123,2	125,4	127,7	130,0	132,3	134,6	136,9	139,2	141,6	2,4
12	144	146,4	148,8	151,3	153,8	156,3	158,8	161,3	163,8	166,4	2,6
13	169	171,6	174,2	176,9	179,6	182,3	185,0	187,7	190,4	193,2	2,8
14	196	198,8	201,6	204,5	207,4	210,3	213,2	216,1	219,0	222,0	3,0
15	225	228,0	231,0	234,1	237,2	240,3	243,4	246,5	249,6	252,8	3,2
16	256	259,2	262,4	265,7	269,0	272,3	275,6	278,9	282,2	285,6	3,4
17	289	292,4	295,8	299,3	302,8	306,3	309,8	313,3	316,8	320,4	3,6
18	324	327,6	331,2	334,9	338,6	342,3	346,0	349,7	353,4	357,2	3,8
19	361	364,8	368,6	372,5	376,4	380,3	384,2	388,1	392,0	396,0	4,0
20	400	404,0	408,0	412,1	416,2	420,3	424,4	428,5	432,6	436,8	4,2
21	441	445,2	449,4	453,7	458,0	462,3	466,6	470,9	475,2	479,6	4,4
22	484	488,4	492,8	497,3	501,8	506,3	510,8	515,3	519,8	524,4	4,6
23	529	533,6	538,2	542,9	547,6	552,3	557,0	561,7	566,4	571,2	4,8
24	576	580,8	585,6	590,5	595,4	600,3	605,2	610,1	615,0	620,0	5,0
25	625	630,0	635,0	640,1	645,2	650,3	655,4	660,5	665,6	670,8	5,2
26	676	681,2	686,4	691,7	697,0	702,3	707,6	712,9	718,2	723,6	5,4
27	729	734,4	739,8	745,3	750,8	756,3	761,8	767,3	772,8	778,4	5,6
28	784	789,6	795,2	800,9	806,6	812,3	818,0	823,7	829,4	835,2	5,8
29	841	846,8	852,6	858,5	864,4	870,3	876,2	882,1	888,0	894,0	6,0
30	900	906,0	912,0	918,1	924,2	930,3	936,4	942,5	948,6	954,8	6,2
31	961	967,2	973,4	979,7	986,0	992,3	998,6	1005	1011	1018	6
32	1024	1030	1037	1043	1050	1056	1063	1069	1076	1082	7
33	1089	1096	1102	1109	1116	1122	1129	1136	1142	1149	7
34	1156	1163	1170	1176	1183	1190	1197	1204	1211	1218	7
35	1225	1232	1239	1246	1253	1260	1267	1274	1282	1289	7
36	1296	1303	1310	1318	1325	1332	1340	1347	1354	1362	7
37	1369	1376	1384	1391	1399	1406	1414	1421	1429	1436	8
38	1444	1452	1459	1467	1475	1482	1490	1498	1505	1513	8
39	1521	1529	1537	1544	1552	1560	1568	1576	1584	1592	8
40	1600	1608	1616	1624	1632	1640	1648	1656	1665	1673	8
41	1681	1689	1697	1706	1714	1722	1731	1739	1747	1756	8
42	1764	1772	1781	1789	1798	1806	1815	1823	1832	1840	9
43	1849	1858	1866	1875	1884	1892	1901	1910	1918	1927	9
44	1936	1945	1954	1962	1971	1980	1989	1998	2007	2016	9
45	2025	2034	2043	2052	2061	2070	2079	2088	2098	2107	9
46	2116	2125	2134	2144	2153	2162	2172	2181	2190	2200	9
47	2209	2218	2228	2237	2247	2256	2266	2275	2285	2294	10
48	2304	2314	2323	2333	2343	2352	2362	2372	2381	2391	10
49	2401	2411	2421	2430	2440	2450	2460	2470	2480	2490	10
50	2500	2510	2520	2530	2540	2550	2560	2570	2581	2591	10
51	2601	2611	2621	2632	2642	2652	2663	2673	2683	2694	10
52	2704	2714	2725	2735	2746	2756	2767	2777	2788	2798	11
53	2809	2820	2830	2841	2852	2862	2873	2884	2894	2905	11
54	2916	2927	2938	2948	2959	2970	2981	2992	3003	3014	11
Zahl	,0	,1	,2	,3	,4	,5	,6	,7	,8	,9	D.

Quadrate von 55,0—99,9

Zahl	,0	,1	,2	,3	,4	,5	,6	,7	,8	,9	D.
55	3025	3036	3047	3058	3069	3080	3091	3102	3114	3125	11
56	3136	3147	3158	3170	3181	3192	3204	3215	3226	3238	11
57	3249	3260	3272	3283	3295	3306	3318	3329	3341	3352	12
58	3364	3376	3387	3399	3411	3422	3434	3446	3457	3469	12
59	3481	3493	3505	3516	3528	3540	3552	3564	3576	3588	12
60	3600	3612	3624	3636	3648	3660	3672	3684	3697	3709	12
61	3721	3733	3745	3758	3770	3782	3795	3807	3819	3832	12
62	3844	3856	3869	3881	3894	3906	3919	3931	3944	3956	13
63	3969	3982	3994	4007	4020	4032	4045	4058	4070	4083	13
64	4096	4109	4122	4134	4147	4160	4173	4186	4199	4212	13
65	4225	4238	4251	4264	4277	4290	4303	4316	4330	4343	13
66	4356	4369	4382	4396	4409	4422	4436	4449	4462	4476	13
67	4489	4502	4516	4529	4543	4556	4570	4583	4597	4610	14
68	4624	4638	4651	4665	4679	4692	4706	4720	4733	4747	14
69	4761	4775	4789	4802	4816	4830	4844	4858	4872	4886	14
70	4900	4914	4928	4942	4956	4970	4984	4998	5013	5027	14
71	5041	5055	5069	5084	5098	5112	5127	5141	5155	5170	14
72	5184	5198	5213	5227	5242	5256	5271	5285	5300	5314	15
73	5329	5344	5358	5373	5388	5402	5417	5432	5446	5461	15
74	5476	5491	5506	5520	5535	5550	5565	5580	5595	5610	15
75	5625	5640	5655	5670	5685	5700	5715	5730	5746	5761	15
76	5776	5791	5806	5822	5837	5852	5868	5883	5898	5914	15
77	5929	5944	5960	5975	5991	6006	6022	6037	6053	6068	16
78	6084	6100	6115	6131	6147	6162	6178	6194	6209	6225	16
79	6241	6257	6273	6288	6304	6320	6336	6352	6368	6384	16
80	6400	6416	6432	6448	6464	6480	6496	6512	6529	6545	16
81	6561	6577	6593	6610	6626	6642	6659	6675	6691	6708	16
82	6724	6740	6757	6773	6790	6806	6823	6839	6856	6872	17
83	6889	6906	6922	6939	6956	6972	6989	7006	7022	7039	17
84	7056	7073	7090	7106	7123	7140	7157	7174	7191	7208	17
85	7225	7242	7259	7276	7293	7310	7327	7344	7362	7379	17
86	7396	7413	7430	7448	7465	7482	7500	7517	7534	7552	17
87	7569	7586	7604	7621	7639	7656	7674	7691	7709	7726	18
88	7744	7762	7779	7797	7815	7832	7850	7868	7885	7903	18
89	7921	7939	7957	7974	7992	8010	8028	8046	8064	8082	18
90	8100	8118	8136	8154	8172	8190	8208	8226	8245	8263	18
91	8281	8299	8317	8336	8354	8372	8391	8409	8427	8446	18
92	8464	8482	8501	8519	8538	8556	8575	8593	8612	8630	19
93	8649	8668	8686	8705	8724	8742	8761	8780	8798	8817	19
94	8836	8855	8874	8892	8911	8930	8949	8968	8987	9006	19
95	9025	9044	9063	9082	9101	9120	9139	9158	9178	9197	19
96	9216	9235	9254	9274	9293	9312	9332	9351	9370	9390	20
97	9409	9428	9448	9467	9487	9506	9526	9545	9565	9584	20
98	9604	9624	9643	9663	9683	9702	9722	9742	9761	9781	20
99	9801	9821	9841	9860	9880	9900	9920	9940	9960	9980	20
Zahl	,0	,1	,2	,3	,4	,5	,6	,7	,8	,9	D.

Dritte Potenzen von 1,00—5,49

Zahl	0	1	2	3	4	5	6	7	8	9	D.
1,0	1,000	1,030	1,061	1,093	1,125	1,158	1,191	1,225	1,260	1,295	36
1,1	1,331	1,368	1,405	1,443	1,482	1,521	1,561	1,602	1,643	1,685	43
1,2	1,728	1,772	1,816	1,861	1,907	1,953	2,000	2,048	2,097	2,147	50
1,3	2,197	2,248	2,300	2,353	2,406	2,460	2,515	2,571	2,628	2,686	58
1,4	2,744	2,803	2,863	2,924	2,986	3,049	3,112	3,177	3,242	3,308	67
1,5	3,375	3,443	3,512	3,582	3,652	3,724	3,796	3,870	3,944	4,020	76
1,6	4,096	4,173	4,252	4,331	4,411	4,492	4,574	4,657	4,742	4,827	86
1,7	4,913	5,000	5,088	5,178	5,268	5,359	5,452	5,545	5,640	5,735	97
1,8	5,832	5,930	6,029	6,128	6,230	6,332	6,435	6,539	6,645	6,751	108
1,9	6,859	6,968	7,078	7,189	7,301	7,415	7,530	7,645	7,762	7,881	119
2,0	8,000	8,121	8,242	8.365	8,490	8,615	8,742	8,870	8,999	9,129	132
2,1	9,261	9,394	9,528	9,664	9,800	9,938	10,08	10,22	10,36	10,50	15
2,2	10,65	10,79	10,94	11,09	11,24	11,39	11,54	11,70	11,85	12,01	16
2,3	12,17	12,33	12,49	12,65	12,81	12,98	13,14	13,31	13,48	13,65	17
2,4	13,82	14,00	14,17	14,35	14,53	14,71	14,89	15,07	15,25	15,44	19
2,5	15,63	15,81	16,00	16,19	16,39	16,58	16,78	16,97	17,17	17,37	21
2,6	17,58	17,78	17,98	18,19	18,40	18,61	18,82	19,03	19,25	19,47	21
2,7	19,68	19,90	20,12	20,35	20,57	20,80	21,02	21,25	21,48	21,72	23
2,8	21,95	22,19	22,43	22,67	22,91	23,15	23,39	23,64	23,89	24,14	25
2,9	24,39	24,64	24,90	25,15	25,41	25,67	25,93	26,20	26,46	26,73	27
3,0	27,00	27,27	27,54	27,82	28,09	28,37	28,65	28,93	29,22	29,50	29
3,1	29,79	30,08	30,37	30,66	30,96	31,26	31,55	31,86	32,16	32,46	31
3,2	32,77	33,08	33,39	33,70	34,01	34,33	34,65	34,97	35,29	35,61	33
3,3	35,94	36,26	36,59	36,93	37,26	37,60	37,93	38,27	38,61	38,96	34
3,4	39,30	39,65	40,00	40,35	40,71	41,06	41,42	41,78	42,14	42,51	37
3,5	42,88	43,24	43,61	43,99	44,36	44,74	45,12	45,50	45,88	46,27	39
3,6	46,66	47,05	47,44	47,83	48,23	48,63	49,03	49,43	49,84	50,24	41
3,7	50,65	51,06	51,48	51,90	52,31	52,73	53,16	53,58	54,01	54,44	43
3,8	54,87	55,31	55,74	56,18	56,62	57,07	57,51	57,96	58,41	58,86	46
3,9	59,32	59,78	60,24	60,70	61,16	61,63	62,10	62,57	63,04	63,52	48
4,0	64,00	64,48	64,96	65,45	65,94	66,43	66,92	67,42	67,92	68,42	50
4,1	68,92	69,43	69,93	70,44	70,96	71,47	71,99	72,51	73,03	73,56	53
4,2	74,09	74,62	75,15	75,69	76,23	76,77	77,31	77,85	78,40	78,95	56
4,3	79,51	80,06	80,62	81,18	81,75	82,31	82,88	83,45	84,03	84,60	58
4,4	85,18	85,77	86,35	86,94	87,53	88,12	88,72	89,31	89,92	90,52	61
4,5	91,13	91,73	92,35	92,96	93,58	94,20	94,82	95,44	96,07	96,70	64
4,6	97,34	97,97	98,61	99,25	99,90	100,5	101,2	101,8	102,5	103,2	6
4,7	103,8	104,5	105,2	105,8	106,5	107,2	107,9	108,5	109,2	109,9	7
4,8	110,6	111,3	112,0	112,7	113,4	114,1	114,8	115,5	116,2	116,9	7
4,9	117,6	118,4	119,1	119,8	120,6	121,3	122,0	122,8	123,5	124,3	7
5,0	125,0	125,8	126,5	127,3	128,0	128,8	129,6	130,3	131,1	131,9	8
5,1	132,7	133,4	134,2	135,0	135,8	136,6	137,4	138,2	139,0	139,8	8
5,2	140,6	141,4	142,2	143,1	143,9	144,7	145,5	146,4	147,2	148,0	9
5,3	148,9	149,7	150,6	151,4	152,3	153,1	154,0	154,9	155,7	156,6	9
5,4	157,5	158,3	159,2	160,1	161,0	161,9	162,8	163,7	164,6	165,5	9
Zahl	0	1	2	3	4	5	6	7	8	9	D.

Dritte Potenzen von 5,50—9,99

Zahl	0	1	2	3	4	5	6	7	8	9	D.
5,5	166,4	167,3	168,2	169,1	170,0	171,0	171,9	172,8	173,7	174,7	9
5,6	175,6	176,6	177,5	178,5	179,4	180,4	181,3	182,3	183,3	184,2	10
5,7	185,2	186,2	187,1	188,1	189,1	190,1	191,1	192,1	193,1	194,1	10
5,8	195,1	196,1	197,1	198,2	199,2	200,2	201,2	202,3	203,3	204,3	11
5,9	205,4	206,4	207,5	208,5	209,6	210,6	211,7	212,8	213,8	214,9	11
6,0	216,0	217,1	218,2	219,3	220,3	221,4	222,5	223,6	224,8	225,9	11
6,1	227,0	228,1	229,2	230,3	231,5	232,6	233,7	234,9	236,0	237,2	11
6,2	238,3	239,5	240,6	241,8	243,0	244,1	245,3	246,5	247,7	248,9	11
6,3	250,0	251,2	252,4	253,6	254,8	256,0	257,3	258,5	259,7	260,9	12
6,4	262,1	263,4	264,6	265,8	267,1	268,3	269,6	270,8	272,1	273,4	12
6,5	274,6	275,9	277,2	278,4	279,7	281,0	282,3	283,6	284,9	286,2	13
6,6	287,5	288,8	290,1	291,4	292,8	294,1	295,4	296,7	298,1	299,4	14
6,7	300,8	302,1	303,5	304,8	306,2	307,5	308,9	310,3	311,7	313,0	14
6,8	314,4	315,8	317,2	318,6	320,0	321,4	322,8	324,2	325,7	327,1	14
6,9	328,5	329,9	331,4	332,8	334,3	335,7	337,2	338,6	340,1	341,5	15
7,0	343,0	344,5	345,9	347,4	348,9	350,4	351,9	353,4	354,9	356,4	15
7,1	357,9	359,4	360,9	362,5	364,0	365,5	367,1	368,6	370,1	371,7	15
7,2	373,2	374,8	376,4	377,9	379,5	381,1	382,7	384,2	385,8	387,4	16
7,3	389,0	390,6	392,2	393,8	395,4	397,1	398,7	400,3	401,9	403,6	16
7,4	405,2	406,9	408,5	410,2	411,8	413,5	415,2	416,8	418,5	420,2	17
7,5	421,9	423,6	425,3	427,0	428,7	430,4	432,1	433,8	435,5	437,2	18
7,6	439,0	440,7	442,5	444,2	445,9	447,7	449,5	451,2	453,0	454,8	17
7,7	456,5	458,3	460,1	461,9	463,7	465,5	467,3	469,1	470,9	472,7	19
7,8	474,6	476,4	478,2	480,0	481,9	483,7	485,6	487,4	489,3	491,2	18
7,9	493,0	494,9	496,8	498,7	500,6	502,5	504,4	506,3	508,2	510,1	19
8,0	512,0	513,9	515,8	517,8	519,7	521,7	523,6	525,6	527,5	529,5	19
8,1	531,4	533,4	535,4	537,4	539,4	541,3	543,3	545,3	547,3	549,4	20
8,2	551,4	553,4	555,4	557,4	559,5	561,5	563,6	565,6	567,7	569,7	21
8,3	571,8	573,9	575,9	578,0	580,1	582,2	584,3	586,4	588,5	590,6	21
8,4	592,7	594,8	596,9	599,1	601,2	603,4	605,5	607,6	609,8	612,0	21
8,5	614,1	616,3	618,5	620,7	622,8	625,0	627,2	629,4	631,6	633,8	23
8,6	636,1	638,3	640,5	642,7	645,0	647,2	649,5	651,7	654,0	656,2	23
8,7	658,5	660,8	663,1	665,3	667,6	669,9	672,2	674,5	676,8	679,2	23
8,8	681,5	683,8	686,1	688,5	690,8	693,2	695,5	697,9	700,2	702,6	24
8,9	705,0	707,3	709,7	712,1	714,5	716,9	719,3	721,7	724,2	726,6	24
9,0	729,0	731,4	733,9	736,3	738,8	741,2	743,7	746,1	748,6	751,1	25
9,1	753,6	756,1	758,6	761,0	763,6	766,1	768,6	771,1	773,6	776,2	25
9,2	778,7	781,2	783,8	786,3	788,9	791,5	794,0	796,6	799,2	801,8	26
9,3	804,4	807,0	809,6	812,2	814,8	817,4	820,0	822,7	825,3	827,9	27
9,4	830,6	833,2	835,9	838,6	841,2	843,9	846,6	849,3	852,0	854,7	27
9,5	857,4	860,1	862,8	865,5	868,3	871,0	873,7	876,5	879,2	882,0	27
9,6	884,7	887,5	890,3	893,1	895,8	898,6	901,4	904,2	907,0	909,9	28
9,7	912,7	915,5	918,3	921,2	924,0	926,9	929,7	932,6	935,4	938,3	29
9,8	941,2	944,1	947,0	949,9	952,8	955,7	958,6	961,5	964,4	967,4	29
9,9	970,3	973,2	976,2	979,1	982,1	985,1	988,0	991,0	994,0	997,0	30
Zahl	**0**	**1**	**2**	**3**	**4**	**5**	**6**	**7**	**8**	**9**	**D.**

Allgemeine deutsche Sterbetafel für das Jahrzehnt 1901—1910. Gesamtbevölkerung. $p = 3{,}5\,\%$

Alter x Jahre	Über-lebende l_x	Diskont. Zahl der l_x v_x	$\sum v_x$	Alter x Jahre	Über-lebende l_x	Diskont. Zahl der l_x v_x	$\sum v_x$
0	100000	100000	1905917	50	57540	10303	147328
1	81317	78567	1819382	51	56735	9815	137025
2	78131	72936	1743274	52	55884	9341	127210
3	76977	69429	1670338	53	54985	8880	117869
4	76256	66453	1600909	54	54042	8432	108989
5	75732	63764	1534456	55	53054	7998	100557
6	75331	61282	1470692	56	52012	7576	92559
7	75006	58954	1409410	57	50912	7165	84983
8	74733	56753	1350456	58	49759	6766	77818
9	74500	54663	1293703	59	48547	6378	71052
10	74297	52671	1239040	60	47273	6001	64674
11	74111	50762	1186369	61	45933	5633	58673
12	73938	48931	1135607	62	44516	5275	53040
13	73771	47169	1086676	63	43018	4925	47765
14	73598	45468	1039507	64	41442	4584	42840
15	73409	43817	994039	65	39795	4253	38256
16	73197	42213	950222	66	38084	3933	34003
17	72955	40651	908009	67	36308	3622	30070
18	72684	39130	867358	68	34461	3322	26448
19	72387	37653	828228	69	32550	3032	23126
20	72068	36219	790575	70	30593	2753	20094
21	71734	34832	754356	71	28595	2486	17341
22	71393	33494	719524	72	26548	2230	14855
23	71045	32204	686030	73	24462	1985	12625
24	70690	30959	653826	74	22369	1754	10640
25	70326	29758	622867	75	20284	1537	8886
26	69957	28601	593109	76	18218	1334	7349
27	69584	27487	564508	77	16202	1146	6015
28	69206	26413	537021	78	14259	974	4869
29	68823	25378	510608	79	12402	819	3895
30	68434	24382	485230	80	10657	680	3076
31	68039	23421	460848	81	9044	557	2396
32	67637	22495	437427	82	7560	450	1839
33	67225	21602	414932	83	6214	358	1389
34	66800	20740	393330	84	5017	279	1031
35	66357	19906	372590	85	3975	214	752
36	65898	19099	352684	86	3087	160	538
37	65425	18321	333585	87	2348	118	378
38	64937	17569	315264	88	1746	84,6	260
39	64430	16843	297695	89	1271	59,5	175
40	63906	16141	280852	90	904	40,9	115
41	63365	15463	264711	91	628	27,4	74,1
42	62806	14808	249248	92	426	18,0	46,7
43	62229	14176	234440	93	282	11,5	28,7
44	61636	13566	220264	94	182	7,17	17,2
45	61025	12978	206698	95	114	4,34	10,0
46	60388	12408	193720	96	70,3	2,59	5,67
47	59724	11856	181312	97	42,2	1,50	3,08
48	59032	11323	169456	98	24,7	0,848	1,575
49	58305	10805	158133	99	14,2	0,471	0,727
				100	7,98	0,256	0,256

Geschwindigkeiten in m/sec

1 km/Std	0,2778
1 Knoten = 1 sm/Std = 1,852 km/Std	0,5144
Sonne im Weltenraum	19500
Punkt des Sonnenäquators	2000
Erde um die Sonne	29600
Punkt des Erdäquators	465
Mond um die Erde	1000
Licht im leeren Raum	$300 \cdot 10^6$
β-Strahlen (Elektronen)	bis $297 \cdot 10^6$
α-Strahlen (Heliumkerne)	bis $20{,}6 \cdot 10^6$
Moleküle des Wasserstoffs bei 0° u. 760 mm Druck (im Mittel)	1698
Moleküle des Sauerstoffs bei 0° u. 760 mm Druck (im Mittel)	425
Mäßiger Wind	10
Sturm	25
Orkan	>30

Schall in Luft von t°	$331\sqrt{1 + 0{,}004\,t}$
Schall in Wasser (von 9°)	1435
Brieftaube (durchschn.)	15
Schnecke	0,002
Fußgänger	1,5
Pferd im Trab	3—4
Pferd im Galopp	5—8
Fahrrad (Touren)	4—5
Kraftwagen (Touren) 72 km/Std	20
Elektrische Straßenbahn	5
Schnelldampfer	13
Güterzüge	12—16
Schnellzüge	22
Torpedoboot	18
Flugzeug	bis 85
Geschoß eines Infanteriegewehrs, 25 m vor der Mündung	860

Längen-, Flächen-, Körpermaße, Gewichte, antike Maße, Gewichts- und Arbeitseinheiten

a) Längenmaße.

1 preuß. Rute = 12 Fuß	= 3,766 m
1 „ Fuß = 12 Zoll	= 0,3139 „
1 „ Zoll	= 0,0262 „
1 geogr. Meile = $\frac{1}{15}$° des Äquators	= 7,441 km
1 Seemeile (sm) = $\frac{1}{60}$° des Meridians	= 1,852 „
1 engl. Meile = 1760 Yards	= 1,609 km
1 (engl.) Yard = $\frac{1}{2}$ Faden = 3 Fuß	= 0,914 m
1 engl. Zoll	= 0,0254 m
1 (franz.) Toise = 6 Pariser Fuß	= 1,949 „
1 russ. Werst = 500 Saschehn = 1500 Arschin	= 1,067 km

b) Flächenmaße.

1 Quadratrute	= 14,19 qm
1 preuß. Morgen = 180 Quadratruten	= 25,53 a
1 engl. Acre = 4840 Quadratyards	= 40,47 „
1 russ. Dessätine = 2400 Quadratsaschen	= 109,3 „

c) Körpermaße.

1 Registertonne = 10 engl. Kubikfuß	= 2,832 cbm
1 (engl.) Imp.-Gallon	= 4,544 l
1 (am.) Bushel	= 35,24 „
1 (russ.) Tschetwert	= 209,9 „

d) Gewichte.

Physi

1 engl. Pfund = $\frac{1}{2240}$ engl. Tonne	= 453,6 g
1 russ. Pfund = $\frac{1}{40}$ Pud	= 409,5 „

e) Antike Maße.

1 altrömischer Fuß	= 0,296 m
1 altrömische Meile = 1000 passus	= 1,480 km
1 olympisches Stadion	= 192 „

f) Gewichts- und Arbeitseinheiten.

1 g Gewicht	= 981 Dyn
1 mkg = 9,81 Joule	= $9{,}81 \cdot 10^7$ Erg
1 PS = 75 mkg/sec	= 736 Watt
1 engl. Pferdekraft = 1,0142 PS	= 76,04 mkg

Universelle Konstanten

Gravitationskonstante	$6{,}67 \cdot 10^{-8}$ cm^3 g^{-1} sec^{-2}
Mechanisches Wärmeäquivalent	426,9 mkg
Gaskonstante	$8{,}313 \cdot 10^7$ Erg
Gasmoleküle im ccm (Avogadrosche Zahl)	$2{,}708 \cdot 10^{19}$
Gasmoleküle im Mol = 22,414 l (Loschmidtsche Zahl)	$6{,}062 \cdot 10^{23}$
Elektrisches Elementarquantum *e*	$1{,}591 \cdot 10^{-20}$ el.-magn. C.G.S.
Masse eines Elektrons *m*	$8{,}99 \cdot 10^{-28}$ g
Spez. Ladung des neg. Elektrons *e/m*	$1{,}766 \cdot 10^7$ el.-magn. C.G.S.
Ladung des einwertigen Grammatoms	9649,4 g$^{\frac{1}{2}}$ cm$^{\frac{1}{2}}$
Plancksches Wirkungsquantum *h*	$6{,}54 \cdot 10^{-27}$ Erg·sec
Rydbergsche Zahl für Wasserstoff	109677,7 cm^{-1}

Spezifische Gewichte

a) Feste Körper

Aluminium	2,7	Holz, Eben-	1,2	Neusilber	8,5
Bernstein	1,0—1,1	„ Eichen-	0,7	Nickel	8,8
Blei	11,3	„ Tannen-	0,5	Platin	21,4
Bronze	8,7	Kalium	0,86	Porzellan	2,25—2,5
Diamant	3,5—3,6	Konstantan	8,8	Quarz	2,65
Eis	0,9	Kork	0,24	Schwefel, rhombisch	2,07
Eisen, Guß-	7,6	Kupfer	8,9	„ monoklin	1,96
„ Schmiede-	7,8	Marmor	2,5—2,8	„ amorph	1,92
„ Stahl	7,7	Mensch, b. stärkster		Silber	10,5
Elfenbein	1,9	Einatmung	0,94—0,98	Wachs	0,96
Glas, Fenster-	2,4—2,6	Mensch, b. stärkster		Wismut	9,8
„ Flint-	3,0—5,9	Ausatmung	1,01—1,07	Ziegel (gewöhnl.)	1,4—1,6
Gold	19,3	Messing	8,1—8,6	Zink	7,1
Granit	2,5—3,1	Natrium	0,97	Zinn	7,3

b) Flüssigkeiten (bei 18°)

Äther	0,717	Petroleum	0,8	Salzsäure	1,2
Alkohol	0,791	Quecksilber	13,55	Schwefelkohlenstoff	1,27
Benzol	0,881	Rüböl	0,91	Schwefelsäure	1,83
Glyzerin	1,26	Salpetersäure	1,52	Terpentinöl	0,87

c) Gase (bei 0° u. 760 mm Druck, bezogen auf Wasser)

Ammoniak	0,000771	Kohlendioxyd	0,001977	Stickstoff	0,001251
Argon	0,001784	Leuchtgas	0,00056	Wasserstoff	0,000090
Chlor	0,003214	Luft	0,001293		
Helium	0,000179	Sauerstoff	0,001429		

Elastizitätsmodul und Zugfestigkeit

	Elastizitätsmodul kg : qmm	Zugfestigkeit kg : qmm
Aluminium	6300— 7200	20—30
Blei	1500— 1700	2
Eisen, Schmiede-	20000—22000	40—60
Stahl	20000—22000	80—130
Guß-	7500—13000	12—23
Glas	5000— 8000	
Holzfaser	500— 1200	7—12
Kupfer	10000—13000	40
Messing	8000—10000	60
Platin	16000—17500	30
Silber	7000— 8000	29
Zink	8000—13000	13

Schallwellen

	Wellenlänge in cm
Hörbar	1100—1,7
In der Musik verwendet	830—8,3

Gleichschwebende Stimmung

Ton	Schwingungszahl	Ton	Schwingungszahl
c_1	258,7	g_1	387,5
cis_1	274,0	gis_1	410,6
d_1	290,3	a_1	**435,0**
dis_1	307,6	ais_1	460,9
e_1	325,9	h_1	488,3
f_1	345,3	c_2	517,3
fis_1	365,8		

Wärmekonstanten

a) Feste Stoffe.

	Ausdehnungskoeffizient	Spez. Wärme um 18°	Schmelzpunkt °C	Schmelzwärme cal/g	Siedepunkt °C
Aluminium	$23{,}8 \cdot 10^{-6}$	0,214	658	94	1800
Blei	29,2 · „	0,031	327,4	5,5	1525
Diamant	1,3 · „	0,12	—	—	—
Eisen	12 · „	0,111	1530	49	2450
Stahl	11,5 · „	0,114	(1400)	—	—
Gußeisen	—	—	(1200)	etwa 30	—
Glas	8 · „	0,19	800—1400	—	—
Gold	14,4 · „	0,031	1063	15,9	2500
Kalium	80 · „	0,19	62,5	14	757
Kupfer	16,5 · „	0,091	1083	41	2300
Messing	18,5 · „	0,093	etwa 900	—	—
Natrium	70 · „	0,30	97,5	27	877
Neusilber	18 · „	0,095	etwa 1000	—	—
Platin	9,0 · „	0,032	1764	27	3800
Porzellan	3 · „	0,22	1550	—	—
Schwefel	90 · „	0,18	119	10	444,5
Silber	19,7 · „	0,055	960,5	26	1950
Woods Metall (26 Pb + 7 Cd + 52 Bi + 16 Sn)	—	0,04	65—70	8	—
Zink	30 · „	0,092	419,4	23	906
Zinn	23 · „	0,054	231,8	13,8	2270

b) Flüssigkeiten.

	Ausdehnungskoeffizient	Spez. Wärme um 18°	Schmelzpunkt °C	Siedepunkt °C	Verdampf.-Wärme cal/g	Schmelzwärme cal/g
Äthylalkohol	$110 \cdot 10^{-5}$	0,58	— 114	78,3	202	—
Äthyläther	163 · „	0,56	— 116,3	34,6	90	27
Benzol	124 · „	0,407	+ 5,5	80,2	94	30,4
Glyzerin	50 · „	0,58	— 20	290	—	42
Petroleum	92 · „	0,51	—	etwa 150	—	—
Quecksilber	18,1 · „	0,033	— 38,9	356,7	68	2,8
Schwefelkohlenstoff	121 · „	0,24	— 112	46,2	85	—
Wasser	18 · „	0,999	0	100	539,1	79,7

c) Gase.

	Ausdehnungskoeffizient	Spez. Wärme bei konst. Druck c_p bei 18°	c_p/c_v bei 18°	Krit. Druck m Hg	Krit. Temp. °C	Schmelzpunkt °C	Siedepunkt °C
Ammoniak	$380{,}2 \cdot 10^{-5}$	0,52	1,31	85	+ 133	— 78	— 33,5
Argon	367,1 · „	0,127	1,65	36	— 122	— 189	— 185,8
Chlor	—	0,124	1,36	58	+ 144	— 100	— 34,5
Helium	366,0 · „	1,25	1,66	2	— 268	— 272	— 268,8
Kohlendioxyd	372,6 · „	0,202	1,30	55	+ 31	— 57	— 78,5
Luft	367,4 · „	0,241	1,40	28	— 140,5	—	— 193
Sauerstoff	367,4 · „	0,218	1,40	38	— 119	— 218	— 183,0
Schwefeldioxyd	385 · „	0,154	1,29	59	+ 157	— 72	— 10,0
Stickstoff	367,4 · „	0,249	1,40	25	— 147	— 209,9	— 195,8
Wasserdampf	—	—	—	195	+ 364	0	100
Wasserstoff	366,2 · „	3,41	1,41	10	— 240	— 259	— 252,7

Brechungsverhältnisse für Natriumlicht (D-Linie) bei 18°

Wasser	1,33
Alkohol	1,36
Schwefelkohlenstoff	1,63
Äther	1,36
Benzol	1,50
Kronglas, leicht	1,52
„ schwer	1,62
Flintglas leicht	1,61
„ schwer	bis 1,96
Quarz	1,55
Diamant	2,42

Atmosphärische Strahlenbrechung

Scheinbare Höhe	Strahlenbrechung
0°	0,58°
1°	0,41°
2°	0,30°
3°	0,24°
4°	0,19°
5°	0,16°
6°	0,14°
8°	0,11°
10°	0,09°
12°	0,07°
16°	0,06°
20°	0,04°
30°	0,03°
40°	0,02°
50°	0,013°
60°	0,009°
80°	0,003°

Aussichtsweite R km von der Höhe h m

(mit Berücksichtigung der atm. Strahlenbrechung)

	h	R
	100	38
Stubbenkammer	**128**	**43**
	200	54
	300	66
	400	77
	500	85
	600	94
	700	100
	800	108
	900	114
	1000	121
	1100	126
Brocken	**1143**	**128**
	1200	132
	1300	137
	1400	142
	1500	147
Schneekoppe	**1600**	**152**
	1700	157
	1800	161
	1900	166
	2000	170
	3000	208
Ätna	**3320**	**218**
	4000	240

Kimmtiefen

Augeshöhe in m	Kimmtiefe in °	Augeshöhe in m	Kimmtiefe in °
1	0,03	16	0,12
2	0,04	18	0,12
4	0,06	20	0,13
6	0,07	40	0,19
8	0,08	60	0,23
10	0,09	80	0,27
12	0,10	100	0,30
14	0,11		

Elektrische Leitungswiderstände

Leiter	Widerstand auf 1 m Länge und 1 qmm Querschnitt bei 18°	Temperaturkoeffizient k
Silber	0,016 Ohm	0,0041
Kupfer	0,017	0,0043
Aluminium	0,029	0,0044
Eisen	0,086	0,0066
Platin	0,107	0,00392
Blei	0,21	0,0042
Neusilber (60 Cu, 21 Ni, 19 Zn)	0,34	0,00037
Nickelin (54 Cu, 26 Ni, 20 Zn)	0,41	0,0002
Manganin (84 Cu, 4 Ni, 12 Mn)	0,43	0,00002
Konstantan (58 Cu, 41 Ni, 1 Mn)	0,50	– 0,00003
Quecksilber	0,958	0,00099
Bogenlichtkohle	etwa 60	– 0,0002 bis – 0,0008
Schwefelsäure (30%)	13500	
„ (5%)	48000	
Zinksulfatlösung (25%)	210000	
Kupfersulfatlösung (15%)	240000	

1 Ohm = Widerstand einer Quecksilbersäule von 1,063 m Länge und 1 qmm Querschnitt bei 0°.

Ist w_t der Widerstand bei t^0, so ist

$$w_t = w_{18}\,[1 + k\,(t - 18)]\,.$$

1 Amp = Stärke des konstanten Stromes, der in 1 Sekunde 1,118 mg Silber abscheidet.

Dielektrizitätskonstanten bei 18°

Alkohol	26	Kautschuk	2,2—3	Schellack	3—3,7
Benzol	2,3	Paraffin	2,0	Schwefel	3,6—4,3
Glas	5—10	Petroleum	2,1	Terpentinöl	2,3
Glimmer	6—8	Porzellan	6	Wasser	81

Elektromagnetische Wellen

	Wellenlänge in cm
Elektrische Strahlen	etwa $5 \cdot 10^6$ bis 0,25
Ultrarote Strahlen	„ 0,03 „ 0,000076
Sichtbares Spektrum	„ $7{,}6 \cdot 10^{-5}$ „ $3{,}97 \cdot 10^{-5}$
Ultraviolette Strahlen	„ $39 \cdot 10^{-6}$ „ 10^{-6}
Röntgenstrahlen	„ $12 \cdot 10^{-8}$ „ $0{,}2 \cdot 10^{-8}$

Atomgewichte

Wasserstoff H	1,008	Chlor Cl	35,46	Platin Pt	195,2
Helium He	4,00	Kalium K	39,10	Gold Au	197,2
Kohlenstoff C	12,00	Argon Ar	39,88	Quecksilber Hg	200,6
Stickstoff N	14,008	Eisen Fe	55,84	Blei Pb	207,2
Sauerstoff O	16,000	Nickel Ni	58,68	Wismut Bi	209,0
Natrium Na	23,00	Kupfer Cu	63,57	Radium Ra	226,0
Aluminium Al	26,97	Zink Zn	65,37	Uran U	238,2
Silicium Si	28,3	Silber Ag	107,88		
Schwefel S	32,07	Zinn Sn	118,70		

Ortstafel für Sternwarten

Name	Geogr. Breite – südlich	Länge von Greenwich + westlich – östlich in Graden	in Zeit
Athen	37,97°	– 23,73°	– 1h 34,9m
Bergen	60,40	– 5,30	– 0 21,2
Berlin (Urania)	52,53	– 13,36	– 0 53,5
Bombay	18,89	– 72,82	– 4 51,3
Bonn	50,73	– 7,10	– 0 28,4
Breslau	51,12	– 17,04	– 1 8,1
Chicago	41,83	+ 87,61	+ 5 50,4
Danzig	54,36	– 18,67	– 1 14,7
Dresden	51,04	– 13,73	– 0 54,9
Edinburgh	55,96	+ 3,18	+ 0 12,7
Frankfurt a. M.	50,12	– 8,65	– 0 34,6
Genua	44,42	– 8,92	– 0 35,7
Göttingen	51,53	– 9,94	– 0 39,8
Greenwich	51,48	0,00	0 0,0
Hamburg-Bergedorf	53,48	– 10,24	– 0 41,0
Kairo	30,08	– 31,29	– 2 5,1
Kapstadt	– 33,93	– 18,48	– 1 13,9
Kiel	54,34	– 10,15	– 0 40,6
Königsberg	54,71	– 20,50	– 1 22,0
Kopenhagen (Neue Sternwarte)	55,69	– 12,58	– 0 50,3
Leipzig	51,33	– 12,39	– 0 49,6
Leningrad (Petersburg Akad.)	59,94	– 30,31	– 2 1,2
Lissabon	38,71	+ 9,14	+ 0 36,6
Liverpool (Neue Sternwarte)	53,40	+ 3,07	+ 0 12,3
Lübeck	53,86	– 10,69	– 0 42,8
Marseille (Neue Sternwarte)	43,31	– 5,39	– 0 21,6
Moskau	55,76	– 37,57	– 2 30,3
München	48,15	– 11,61	– 0 46,4
Neapel	40,86	– 14,26	– 0 57,0
New York (Rutherfurd)	40,73	+ 73,99	+ 4 55,9
Oslo	59,91	– 10,72	– 0 42,9
Palermo	38,11	– 13,36	– 0 53,4
Paris (Observ. nat.)	48,84	– 2,34	– 0 9,3
Portsmouth	50,80	+ 1,10	+ 0 4,4
Prag (Univ.-Sternwarte)	50,09	– 14,42	– 0 57,7
Rio de Janeiro	– 22,91	+ 43,17	+ 2 52,7
Rom (Coll. Rom.)	41,90	– 12,48	– 0 49,9
San Francisco	37,79	+122,43	+ 8 9,7
Santiago (Chile) (Neue Sternw.)	– 33,45	+ 70,69	+ 4 42,8
Stockholm	59,34	– 18,06	– 1 12,2
Straßburg (Neue Sternwarte)	48,58	– 7,77	– 0 31,1
Sydney	– 33,86	–151,21	–10 4,8
Tokio	35,65	–139,74	– 9 19,0
Warschau	52,22	– 21,03	– 1 24,1
Wien (Alte Sternwarte)	48,21	– 16,38	– 1 5,5
Wilhelmshaven	53,53	– 8,15	– 0 32,6
Zürich	47,38	– 8,55	– 0 34,2

Deklination oder Abweichung (δ) der wahren Sonne und Zeitgleichung für 0^h Weltzeit 1927

Januar			Februar			März			April			Mai			Juni		
Tag	δ	Zeitgl.	Tag	δ	Zeitgl.	Tag	δ	Zeitgl.	Tag	δ	Zeitgl.	Tag	δ	Zeitgl.	Tag	δ	Zeitgl.
0 (1)	− 23,17°	+ 2,6m	0 (1)	− 17,72°	+ 13,4m	—	—	—	—	—	—	—	—	—	—	—	—
1 (2)	23,10	3,1	1 (2)	17,44	13,5	1	− 8,05°	+ 12,7m	1	+ 4,07°	+ 4,3m	1	+ 14,70°	− 2,8m	1	+ 21,89°	− 2,5m
2 (3)	23,03	3,5	2 (3)	17,16	13,7	2	7,67	12,5	2	4,46	4,0	2	15,01	2,9	2	22,03	2,4
3 (4)	22,94	4,0	3 (4)	16,87	13,8	3	7,29	12,3	3	4,84	3,7	3	15,31	3,0	3	22,16	2,2
4 (5)	22,85	4,5	4 (5)	16,58	13,9	4	6,90	12,1	4	5,23	3,4	4	15,61	3,2	4	22,29	2,1
5 (6)	22,75	4,9	5 (6)	16,29	14,0	5	6,52	11,9	5	5,61	3,1	5	15,90	3,3	5	22,41	1,9
6 (7)	22,64	5,4	6 (7)	15,99	14,1	6	6,13	11,7	6	5,99	2,9	6	16,19	3,4	6	22,53	1,7
7 (8)	22,53	5,8	7 (8)	15,68	14,2	7	5,75	11,5	7	6,37	2,6	7	16,47	3,4	7	22,63	1,6
8 (9)	22,40	6,3	8 (9)	15,37	14,3	8	5,36	11,2	8	6,75	2,3	8	16,75	3,5	8	22,74	1,4
9 (10)	22,27	6,7	9 (10)	15,06	14,3	9	4,97	11,0	9	7,12	2,0	9	17,03	3,6	9	22,83	1,2
10 (11)	22,14	7,1	10 (11)	14,74	14,3	10	4,58	10,7	10	7,49	1,7	10	17,30	3,6	10	22,92	1,0
11 (12)	21,99	7,5	11 (12)	14,42	14,4	11	4,19	10,5	11	7,87	1,4	11	17,56	3,7	11	23,00	0,8
12 (13)	21,84	8,0	12 (13)	14,09	14,4	12	3,80	10,2	12	8,23	1,2	12	17,82	3,7	12	23,03	0,6
13 (14)	21,68	8,3	13 (14)	13,76	14,4	13	3,40	10,0	13	8,60	0,9	13	18,08	3,7	13	23,14	0,4
14 (15)	21,52	8,7	14 (15)	13,43	14,4	14	3,01	9,7	14	8,97	0,6	14	18,33	3,8	14	23,20	0,2
15 (16)	21,34	9,1	15 (16)	13,09	14,3	15	2,62	9,4	15	9,33	0,4	15	18,57	3,8	15	23,26	− 0,0
16 (17)	21,16	9,5	16 (17)	12,75	14,3	16	2,22	9,1	16	9,69	+ 0,1	16	18,81	3,8	16	23,31	+ 0,2
17 (18)	20,98	9,8	17 (18)	12,40	14,2	17	1,83	8,8	17	10,04	− 0,1	17	19,05	3,8	17	23,35	0,4
18 (19)	20,79	10,1	18 (19)	12,06	14,2	18	1,43	8,6	18	10,40	0,4	18	19,28	3,8	18	23,38	0,6
19 (20)	20,59	10,5	19 (20)	11,71	14,1	19	1,04	8,3	19	10,75	0,6	19	19,50	3,7	19	23,41	0,8
20 (21)	20,38	10,8	20 (21)	11,35	14,0	20	0,64	8,0	20	11,10	0,8	20	19,72	3,7	20	23,43	1,1
21 (22)	20,17	11,1	21 (22)	10,99	13,9	21	− 0,25	7,7	21	11,44	1,0	21	19,93	3,6	21	23,44	1,3
22 (23)	19,95	11,4	22 (23)	10,64	13,8	22	+ 0,15	7,4	22	11,78	1,2	22	20,14	3,6	22	23,45	1,5
23 (24)	19,73	11,6	23 (24)	10,27	13,7	23	0,54	7,1	23	12,12	1,4	23	20,34	3,5	23	23,45	1,7
24 (25)	19,50	11,9	24 (25)	9,91	13,5	24	0,94	6,8	24	12,46	1,6	24	20,54	3,4	24	23,44	1,9
25 (26)	19,26	12,2	25 (26)	9,54	13,4	25	1,33	6,5	25	12,79	1,8	25	20,73	3,4	25	23,43	2,1
26 (27)	19,02	12,4	26 (27)	9,17	13,2	26	1,72	6,2	26	13,12	2,0	26	20,91	3,3	26	23,40	2,3
27 (28)	18,77	12,6	27 (28)	8,80	13,1	27	2,12	5,8	27	13,44	2,2	27	21,09	3,2	27	23,38	2,6
28 (29)	18,51	12,8	28 (29)	8,42	12,9	28	2,51	5,5	28	13,76	2,4	28	21,26	3,1	28	23,34	2,8
29 (30)	18,25	13,0	—	—	—	29	2,90	5,2	29	14,08	2,5	29	21,43	2,9	29	23,30	3,0
30 (31)	17,99	13,2	—	—	—	30	3,29	4,9	30	14,39	2,7	30	21,59	2,8	30	23,25	3,2
31	17,72	13,4	—	—	—	31	3,68	4,6		—	—	31	21,74	2,7		—	—
Zahl der Tage 31			59 (60 s)			90 (91 s)			120 (121 s)			151 (152 s)			181 (182 s)		

Die eingeklammerten Daten sind in Schaltjahren zu verwenden.

Deklination oder Abweichung (δ) der wahren Sonne und Zeitgleichung für 0^h Weltzeit 1927

Juli			August			September			Oktober			November			Dezember		
Tag	δ	Zeitgl.	Tag	δ	Zeitgl.	Tag	δ	Zeitgl.	Tag	δ	Zeitgl.	Tag	δ	Zeitgl.	Tag	δ	Zeitgl.
1	+ 23,20°	+ 3,4^m	1	+ 18,34°	+ 6,3^m	1	+ 8,74°	+ 0,4^m	1	— 2,71°	— 9,9^m	1	— 14,04°	— 16,3^m	1	— 21,62°	— 11,4^m
2	23,13	3,6	2	18,09	6,2	2	8,37	+ 0,1	2	3,10	10,2	2	14,37	16,3	2	21,78	11,0
3	23,07	3,8	3	17,84	6,1	3	8,01	— 0,3	3	3,48	10,5	3	14,68	16,3	3	21,93	10,6
4	22,99	4,0	4	17,58	6,1	4	7,65	0,6	4	3,87	10,8	4	15,00	16,4	4	22,08	10,2
5	22,91	4,2	5	17,32	6,0	5	7,28	0,9	5	4,26	11,1	5	15,31	16,4	5	22,22	9,8
6	22,82	4,3	6	17,05	5,9	6	6,91	1,2	6	4,64	11,4	6	15,62	16,3	6	22,35	9,4
7	22,72	4,5	7	16,78	5,8	7	6,54	1,6	7	5,03	11,7	7	15,92	16,3	7	22,48	9,0
8	22,62	4,7	8	16,50	5,7	8	6,16	1,9	8	5,41	12,0	8	16,22	16,3	8	22,59	8,6
9	22,51	4,8	9	16,22	5,6	9	5,79	2,2	9	5,80	12,3	9	16,51	16,2	9	22,70	8,2
10	22,40	5,0	10	15,93	5,4	10	5,41	2,6	10	6,18	12,6	10	16,80	16,1	10	22,81	7,7
11	22,28	5,1	11	15,65	5,3	11	5,03	2,9	11	6,56	12,9	11	17,09	16,0	11	22,90	7,3
12	22,15	5,3	12	15,35	5,1	12	4,65	3,3	12	6,94	13,1	12	17,37	15,9	12	22,99	6,8
13	22,01	5,4	13	15,05	5,0	13	4,27	3,6	13	7,31	13,4	13	17,64	15,8	13	23,07	6,3
14	21,87	5,5	14	14,75	4,8	14	3,89	4,0	14	7,69	13,6	14	17,91	15,7	14	23,14	5,9
15	21,73	5,6	15	14,45	4,6	15	3,51	4,3	15	8,06	13,9	15	18,18	15,5	15	23,21	5,4
16	21,57	5,7	16	14,14	4,4	16	3,12	4,7	16	8,43	14,1	16	18,44	15,4	16	23,27	4,9
17	21,42	5,8	17	13,82	4,2	17	2,74	5,0	17	8,80	14,3	17	18,69	15,2	17	23,31	4,4
18	21,25	5,9	18	13,51	4,0	18	2,35	5,4	18	9,17	14,5	18	18,94	15,0	18	23,36	4,0
19	21,08	6,0	19	13,19	3,8	19	1,97	5,8	19	9,54	14,7	19	19,18	14,8	19	23,39	3,5
20	20,90	6,1	20	12,86	3,6	20	1,58	6,1	20	9,90	14,9	20	19,42	14,6	20	23,42	3,0
21	20,72	6,2	21	12,54	3,4	21	1,19	6,5	21	10,26	15,1	21	19,65	14,4	21	23,44	2,5
22	20,53	6,2	22	12,21	3,1	22	0,80	6,8	22	10,62	15,3	22	19,87	14,1	22	23,45	2,0
23	20,34	6,3	23	11,87	2,9	23	0,41	7,2	23	10,98	15,4	23	20,09	13,9	23	23,45	1,5
24	20,14	6,3	24	11,53	2,6	24	+ 0,02	7,5	24	11,33	15,6	24	20,31	13,6	24	23,44	1,0
25	19,93	6,3	25	11,19	2,4	25	— 0,37	7,9	25	11,68	15,7	25	20,51	13,3	25	23,43	— 0,5
26	19,72	6,4	26	10,85	2,1	26	0,76	8,2	26	12,03	15,8	26	20,71	13,0	26	23,41	+ 0,0
27	19,50	6,4	27	10,51	1,8	27	1,15	8,5	27	12,37	15,9	27	20,91	12,7	27	23,38	0,5
28	19,28	6,4	28	10,16	1,6	28	1,54	8,9	28	12,71	16,0	28	21,10	12,4	28	23,34	1,0
29	19,05	6,4	29	9,81	1,3	29	1,93	9,2	29	13,05	16,1	29	21,28	12,1	29	23,30	1,5
30	18,82	6,3	30	9,45	1,0	30	2,32	9,6	30	13,38	16,2	30	21,45	11,7	30	23,25	2,0
31	18,58	6,3	31	9,09	0,7	—	—	—	31	13,71	16,2		—	—	31	23,19	2,5
	—	—		—	—		—	—		—	—		—	—	32	23,12	3,0
212 (213 s)			243 (244 s)			273 (274 s)			304 (305 s)			334 (335 s)			365 (366 s)		

Θ, Sternzeit, für 0^h Weltzeit 1927 auf dem Meridian v. Greenwich

Tag	Θ	Tag	Θ	Tag	Θ
Jan. 0 (1)	6^h $34,6^m$	Mai 10	15^h $7,2^m$	Sept. 7	23^h $0,3^m$
10 (11)	7 14,1	20	15 46,6	17	23 39,7
20 (21)	7 53,5	30	16 26,0	27	0 19,1
30 (31)	8 32,9	Juni 9	17 5,5	Okt. 7	0 58,6
Febr. 9 (10)	9 12,4	19	17 44,9	17	1 38,0
19 (20)	9 51,8	29	18 24,3	27	2 17,4
März 1	10 31,2	Juli 9	19 3,7	Nov. 6	2 56,9
11	11 10,6	19	19 43,2	16	3 36,3
21	11 50,1	29	20 22,6	26	4 15,7
31	12 29,5	Aug. 8	21 2,0	Dez. 6	4 55,1
April 10	13 8,9	18	21 41,4	16	5 34,6
20	13 48,3	28	22 20,9	26	6 14,0
30	14 27,8				

Hilfstafel zur Berechnung der Sternzeit. Vielfache von $3,94^m$

1	$3,94^m$
2	7,88
3	11,82
4	15,76
5	19,70
6	23,64
7	27,58
8	31,52
9	35,46

Änderung der Sternzeit täglich: 3^m $56,56^s = 3,94^m$ stündlich: $9,86^s = 0,16^m$

Jahr	k in Tagen	Jahr	k in Tagen
1925	+ 0,48	1938	+ 0,34
1926	0,24	1939	0,09
1927	0,00	1940 s	0,85
1928 s	0,76	1941	0,61
1929	0,52	1942	0,37
1930	0,27	1943	0,12
1931	0,03	1944 s	0,88
1932 s	0,79	1945	0,64
1933	0,55	1946	0,40
1934	0,30	1947	0,16
1935	0,06	1948 s	0,91
1936 s	0,82	1949	0,67
1937	0,58	1950	0,43

s = Schaltjahr

Verwandlung der Stunden u. Minuten in Dezimalteile des Tages

7^m = $0,0049^d$	2^h = $0,0833^d$
8 = 0,0056	3 = 0,1250
9 = 0,0063	4 = 0,1667
10 = 0,0069	5 = 0,2083
20 = 0,0139	6 = 0,2500
30 = 0,0208	7 = 0,2917
40 = 0,0278	8 = 0,3333
50 = 0,0347	9 = 0,3750
60 (1^h) = 0,0417	10 = 0,4167
	11 = 0,4583
	12 = 0,5000

Beispiel: 19^h $35,4^m$ zu verwandeln:

$12^h = 0,5000^d$
$7^h = 0,2917^d$
$30^m = 0,0208^d$
$5^m = 0,0035^d$
$0,4^m = 0,0003^d$
zusammen: $0,8163^d \sim 0,82^d$

Weltzeit ist identisch mit bürgerlicher Zeit Greenwich.
Der bürgerliche Tag beginnt um Mitternacht = 0^h. Die Weltzeitstunden werden von 0^h—24^h gezählt.
Mitteleuropäische Zeit (M. E. Z.) = Weltzeit + 1^h.

Bemerkungen über den Gebrauch der Tafeln für δ, Θ und Zeitgleichung.

Die astronomische Bezeichnung Jan. 0 ist gleichbedeutend mit Dez. 31 und Dez. 32 mit Jan. 1. Diese Tage sind bei der Summation unten an der Tafel nicht mitgerechnet. Die Zahl der Tage im Schaltjahr ist durch Zusatz von s gekennzeichnet.

Mittlere Sonnenzeit = wahre Sonnenzeit + Zeitgleichung.

Sternzeit = Stundenwinkel des Frühlingspunktes
= α (gerade Aufsteigung der mittleren Sonne) + τ (Stundenwinkel der mittl. Sonne).

Da 1 tropisches Jahr = $365,2422^d$, so ist δ, Θ, Zgl. am Tage:
1928 Jan. 1 gleich den Werten für 1927 Jan. 1—$0,24^d$ = Jan. 0,76.
1928 Febr. 29 entspricht 1927 Febr. 28,76 und
1928 März 1 „ 1927 März 1,76.

Also jedem Datum von 1927 ist bei Anwendung der Tafel auf das Jahr 1928 der Tagesbruch $k = 0,76$ hinzuzufügen; außerdem ist, wie in jedem

Schaltjahr, im Januar und Februar das Datum um 1 zu vermindern. k ist in jedem Jahr eine andere Zahl und aus der Tabelle für 1925—1950 zu entnehmen.

Beispiele: 1930 Februar 11,0 entspricht 1927 Februar 11,27;
1932 „ 11,0 „ 1927 „ 10,79.

Zur Erleichterung sind für Schaltjahre im Januar und Februar die Daten eingeklammert neben die für 1927 und alle anderen Gemeinjahre gültigen Daten gesetzt. Dem Tage 1932 Februar 11,0 entspricht daher Februar (11,79) in der Tafel.

Man berechnet δ und Zgl. für eine beliebige Stunde t und für die geographische Länge λ (von Greenwich), indem man t und λ mit der Hilfstafel in Tagesbrüche verwandelt und dann zum Datum den Dezimalbruch $k+t+\lambda$ hinzufügt. Wie in der Ortstafel ist dabei λ westlich von Greenwich positiv, weil dort die Mitternacht (der Beginn des bürgerlichen Tages) später eintritt als auf dem 0-Meridian und somit die Sonnentafel vorwärts zu interpolieren ist.

Beispiel: δ zu berechnen für 1929 August 23 um $19^h\,35^m$ mittlere Ortszeit Berlin.

Es ist $k = 0{,}52^d$; $t = 0{,}82^d$; $\lambda = -\,53{,}5^m = -\,0{,}04^d$; $k + t + \lambda = 1{,}30^d$, also hat man δ für August 24,30 zu bestimmen.

Die Tafeldifferenz ist $-\,0{,}34^0$, daher

$$\delta = 11{,}53^0 - 0{,}34^0 \cdot 0{,}30 = 11{,}43^0.$$

Berechnung der Sternzeit:

Auf 24^h mittlerer Zeit kommen $24^h\,3{,}94^m$ Sternzeit. Da die Tafel S. 34 die Sternzeit Θ für den 0-Meridian um 0^h in Abständen von 10 zu 10 Tagen angibt, so sind die Tafeldifferenzen konstant $= 39{,}4^m$. d Tage nach einem in der Tafel enthaltenen Datum ist also die Sternzeit um 0^h Weltzeit in Greenwich:

$$\Theta + d \cdot 3{,}94^m,$$

wo Θ der Tafelwert ist.

Diese einfache Berechnung gilt jedoch nur im Anfangsjahre 1927. In einem Jahre mit der Korrektur k ist statt dessen

$$\Theta + (k + d) \cdot 3{,}94^m$$

zu nehmen.

Auf dem Meridian λ ist um Mitternacht die Sternzeit

$$= \Theta + (k + d + \lambda) \cdot 3{,}94^m.$$

Wie vorher ist λ in einen Tagesbruch zu verwandeln und westlich positiv zu zählen.

Will man die Sternzeit für einen Zeitpunkt berechnen, der t mittlere Stunden nach Mitternacht liegt, so hat man t in Sternzeit zu verwandeln. Dazu drückt man t in Dezimalteilen des Tages aus und findet für das Zeitintervall in Sternzeit

$$t^h + t \cdot 3{,}94^m.$$

Für die Multiplikation mit 3,94 kann man die kleine Tafel benutzen. Schließlich ist die gewünschte Sternzeit

$$\Theta^h + t^h + (k + d + t + \lambda) \cdot 3{,}94^m.$$

Ferner findet man die gerade Aufsteigung (Rektascension) der mittleren Sonne

$$\alpha = \Theta - \tau \text{ (Stundenwinkel der mittleren Sonne).}$$

Um Mitternacht ist $\tau = 12^h$ und Θ der Tafelwert (bzw. durch Interpolation geändert).

Also $\alpha = \Theta - 12^h$, wofür man auch $\Theta + 12^h$ nehmen kann. Z. B.:

1927 Juli 29,0: $\alpha = 20^h\,22{,}6^m - 12^h = 8^h\,22{,}6^m$;
1927 Dez. 6,0: $\alpha = 4^h\,55{,}1^m + 12^h = 16^h\,55{,}1^m$.

Beispiel: Die Sternzeit in Göttingen für 1936, Januar 29 um $9^h\,14{,}0^m$ abends, also für $t = 21^h\,14{,}0^m$ mittl. Ortszeit zu bestimmen:
Wegen des Schaltjahres hat man die eingeklammerten Daten zu nehmen. Für Januar (21) gibt die Tafel

$$\Theta = 7^h\,53{,}5^m.$$

Ferner ist $k = 0{,}82$; $d = 8$; $t = 0{,}88$; $\lambda = -\,0{,}03$; $k + d + t + \lambda = 9{,}67$.

Man hat also zu dem Tafelwert Θ noch zu addieren:

$$\left.\begin{aligned} & 21^h\,14{,}0^m \\ + 9{,}67 \cdot 3{,}94^m = {} & + 38{,}1 \end{aligned}\right\} = 21^h\,52{,}1^m.$$

Die gesuchte Sternzeit ist $= 5^h\,45{,}6^m$.

Astronomische Konstanten betr. Sonne, Erde und Mond

Sonne ☉

Parallaxe	8,80″ = 0,00244°
Entfernung v. d. Erde entsprechend obiger Parallaxe	149 480 000 km
Scheinbarer Durchmesser	0,53°
Durchmesser	1 391 000 km = 109,05 Erddurchmesser
Mittlere Dichte	0,26 der Erddichte
Umdrehungszeit (am kleinsten am Sonnenäquator	25—27^d
Anziehungskraft der Sonne k^2 (Gausssche Konstante)	k (in Teilen des Radius) = 0,01720
	log k = 8,2356 − 10
	k (in Graden) = 0,99°

Lichtzeit (Dauer der Fortpflanzung des Lichtes durch eine Sonnenweite)	498,5^s = 0,005770^d
Aberrationskonstante	20,47″ = 0,0057°

Erde ♁

Dimensionen des Erdellipsoids

Gr. Halbachse a	6378,4 km
Kl. „ b	6356,9 „
Abplattung $\frac{a-b}{a}$	1 : 297,0
Oberfläche	510·10^6 qkm
Rauminhalt	1083·10^9 ckm
Kugelradius	6370 km
Äquatorgrad	111,3 „
Meridiangrad am Pol	111,7 „
„ mittlerer	111,1 „
„ am Äquator	110,6 „
Mittlere Dichte	5,5 (Wasser = 1)

Fallbeschleunigung in cm sec^{-2}:
$g = 980,63—2,59 \cos 2\varphi$

Länge des Sekundenpendels:
$l = (99,36—0,26 \cos 2\varphi)$ cm

1 mittl. Sonnentag	= 1,0027 Sterntage
	= 24^h 3^m 57^s Sternzeit
1 Sterntag	= 0,9973 mittl. Sonnentage
	= 23^h 56^m 4^s mittl. Zeit
1 Tag	= 86400^s
Siderisches Jahr	= 365,25636 mittl. Tage
	= 365^d 6^h 9^m 9^s
Tropisches Jahr	= 365,24220 mittl. Tage
	= 365^d 5^h 48^m 46^s
Schiefe der Ekliptik (1927)	= 23,45° [1])
Präcession 50,3″	= 0,014°
Nutation 9,2″	= 0,003°

[1]) Änderung in 10 Jahren: −0,001°.

Mond ☾

Durchmesser (Mittelwert)	0,52°
„ wahre Größe	3470 km
„ im Verhältnis zum Erdäqu.-Durchmesser	0,27
Masse	1 : 81 der Erde
Dichte	0,61 „ „
Mittl. Entfernung von der Erde	384 400 km
desgl. in Erdäqu.-Radien	60,27
Umlaufszeit sid.	27,3217^d = 27^d 7^h 43^m 12^s
„ synodisch	29,5306^d = 29^d 12^h 44^m 3^s
Neigung der Bahnebene gegen d. Ekliptik	5,15°

Planetentafel

Planet	Halbe große Achse der Bahn in astr. Einh.	Halbe große Achse der Bahn in 10^6 km	Numerische Exzentrizität	Mittlere tägliche Bewegung	Siderische Umlaufszeit in mittl. Tagen u. julian. Jahren[2])	Neigung[4]) der Bahn gegen die Ekliptik	Mittlere helioz. Länge 1900 Jan. 1. 12^h W.Z.	Äquator Durchmesser in 1000 km	Äquator Durchmesser Erde = 1	Masse Sonne = 1	Masse Erde = 1
Merkur ☿	0,387	58	0,206	4,0923°	88ᵈ	7,00°	182,27°	4,7	0,37	1:6000000	0,06
Venus ♀	0,723	108	0,007	1,6021	225	3,39	344,37	12,3	0,97	1: 408000	0,82
Erde ♁	1,000	149[1])	0,017	0,9856	365[3])	—	100,68	12,76	1	1: 333000	1
Mars ♂	1,524	228	0,093	0,5240	1ᵃ 322ᵈ	1,85	294,27	6,9	0,54	1:3094000	0,11
Jupiter ♃	5,203	778	0,048	0,0831	11 315	1,31	238,13	142	11,1	1: 1047	318
Saturn ♄	9,555	1428	0,056	0,0335	29 167	2,49	266,60	120	9,4	1: 3502	95
Uranus ⛢	19,218	2873	0,046	0,0117	84 7	0,77	244,21	51	4,0	1: 22900	14,6
Neptun ♆	30,110	4501	0,009	0,0060	164 280	1,78	84,46	54	4,3	1: 19300	17,3

[1]) Genauer 149,48. [2]) 1 Jahr = 365,25 mittl. Tagen. [3]) Genauer 365,2564ᵈ; vgl. die besondere Zusammenstellung der Erdkonstanten.
[4]) Diese Werte gelten für mehrere Jahrzehnte.

Einige kleine Planeten

Nummer und Name	Halbe gr. Achse in astr. Einh.	Num. Exzentrizität	Sider. Umlaufszeit in Tagen	Bahnneigung	Bemerkungen
(1) Ceres	2,767	0,077	1681	10,6°	Zuerst entdeckt (1801)
(2) Pallas	2,771	0,238	1685	34,7	Größte Neigung
(433) Eros	1,458	0,223	643	10,8	Z. T. innerhalb der Marsbahn
(719) Albert	2,585	0,541	1518	10,8	Größte Exzentrizität
(884) Priamus	5,256	0,118	4402	8,9	Außerhalb der Jupiterbahn

Wichtige Kometen

Name oder Erscheinungsjahr	Halbe gr. Achse in astr. Einh.	Num. Exzentrizität	Kleinster Abstand v. d. Sonne astr. Einh.	Größter Abstand v. d. Sonne astr. Einh.	Siderische Umlaufszeit in Jahren
Encke	2,21	0,85	0,34	4,10	3,30
Winnecke . .	3,25	0,70	0,97	5,54	5,87
Finlay	3,55	0,72	1,01	6,09	6,69
Tuttle	5,29	0,81	1,05	9,54	12,1
Olbers	17,41	0,93	1,20	33,62	72,7
Halley	17,9	0,97	0,59	35,31	76,0
1744	—	1	0,22	—	—
1811	—	0,995	1,04	—	etwa 3000
1843	—	0,9999	0,006	—	„ 500
Donati 1858 .	—	0,996	0,579	—	„ 2000
1910	—	1	0,129	—	—

Fixsterne 1927,0

Name	Rekt-ascens.	Jährliche Änderung +	Deklin. — südl.	Jährliche Änderung	Parallaxe in Bogen-sekunden
α der Andromeda	0^h $4{,}6^m$	$0{,}05^m$	$28{,}69^0$	$+ 0{,}006^0$	—
Polarstern, α des kl. Bären. .	1 35,3	0,53	88,91	+ 0,005	0,05
α des Widders	2 3,1	0,06	23,12	+ 0,005	—
Algol, β des Perseus	3 3,4	0,06	40,68	+ 0,004	—
Alcyone, Hauptstern der Plejaden, η des Stiers	3 43,1	0,06	23,88	+ 0,003	—
Aldebaran, α des Stiers . . .	4 31,7	0,06	16,36	+ 0,002	0,11
Rigel, β des Orion	5 11,0	0,05	— 8,28	+ 0,001	0,01
Capella, α des Fuhrmanns . .	5 11,3	0,07	45,93	+ 0,001	0,08
Bellatrix, γ des Orion	5 21,2	0,05	6,28	+ 0,001	—
Beteigeuze, α des Orion . . .	5 51,2	0,05	7,39	+ 0,000	0,02
Sirius, α des großen Hundes .	6 41,9	0,04	— 16,61	— 0,001	0,37
Castor, α der Zwillinge . . .	7 29,9	0,06	32,05	— 0,002	0,03
Procyon, α des kl. Hundes . .	7 35,5	0,05	5,41	— 0,003	0,33
Pollux, β der Zwillinge . . .	7 40,9	0,06	28,20	— 0,002	0,06
Regulus, α des Löwen	10 4,5	0,05	12,32	— 0,005	0,02
α des großen Bären	10 59,2	0,06	62,15	— 0,005	—
Denebola, β des Löwen . . .	11 45,3	0,05	14,98	— 0,006	0,13
ζ des großen Bären (mit dem „Reiterlein")	13 21,0	0,04	55,31	— 0,005	0,03
Spica, α der Jungfrau	13 21,3	0,05	— 10,78	— 0,005	—
Arctur, α des Bootes	14 12,3	0,05	19,56	— 0,005	0,07
Gemma, α der Krone	15 31,6	0,04	26,96	— 0,003	—
Antares, α des Skorpions . .	16 24,9	0,06	— 26,27	— 0,002	0,02
Wega, α der Leier	18 34,5	0,03	38,71	+ 0,001	0,08
Atair, α des Adlers	19 47,2	0,05	8,67	+ 0,002	0,23
Deneb, α des Schwans	20 38,9	0,03	45,02	+ 0,004	0,22
Fomalhaut, α des südl. Fisches	22 53,6	0,06	— 30,01	+ 0,005	0,13
α des Centauren	in der Breite von Mitteleuropa nicht sichtbar				0,75

Da die Parallaxen der Fixsterne sehr kleine Winkel sind, so werden sie von den Astronomen stets in Bogensekunden angegeben. Durch die Gleichung

$$1'' = 0{,}000278^0$$

lassen sich die Parallaxen in Grade umrechnen. Der Parallaxe 1″ entspricht diejenige Entfernung, in welcher der Erdbahnhalbmesser (die „astronomische Einheit") unter dem Winkel 1″ erscheint. Diese Entfernung heißt auch eine „Sternweite" oder 1 parsec und beträgt $\frac{1}{\sin 1''} = 206\,265$ astronomische Einheiten.

Mathematische Formeln

Geometrie

Heronische Formel für das Dreieck:

$$F = \sqrt{s(s-a)(s-b)(s-c)}; \quad s = \frac{a+b+c}{2}.$$

Gleichseitiges Dreieck: $h = \frac{a}{2}\sqrt{3}; \quad F = \frac{a^2}{4}\sqrt{3}.$

Kreisbogen: $b = \frac{\pi r \alpha}{180}$; Kreisausschnitt: $S = \frac{r b}{2} = \frac{\pi r^2 \alpha}{360}.$

Pyramidenstumpf: $V = \frac{h}{3}(G + G_1 + \sqrt{G G_1}).$

Simpsonsche Regel: $V = \frac{h}{6}(G + G_1 + 4M).$ Kegelmantel: $M = \pi r s.$

Mantel des Kegelstumpfs: $M = \pi s (r + r_1).$

Inhalt des Kegelstumpfs: $V = \frac{\pi h}{3}(r^2 + r_1^2 + r r_1).$

Kugel: $O = 4\pi r^2; \quad V = \frac{4}{3}\pi r^3.$

Kugelausschnitt: $V = \frac{2}{3}\pi r^2 h.$

Kugelschicht: $V = \frac{\pi h}{6}(3\varrho_1^2 + 3\varrho_2^2 + h^2).$

Kugelabschnitt: $V = \frac{\pi h}{6}(3\varrho^2 + h^2) = \frac{\pi h^2}{3}(3r - h).$

Kugelzone, Kugelkappe: $O = 2\pi r h.$

Umdrehungsparaboloid (Parabel $y^2 = 2px$): $V = \pi p h^2.$

Umdrehungsellipsoid: $V = \begin{Bmatrix} \frac{4}{3}\pi a b^2 \\ \frac{4}{3}\pi a^2 b \end{Bmatrix} \left(\begin{Bmatrix} 2a \\ 2b \end{Bmatrix} \text{Umdrehungsachse} \right).$

Algebra und Arithmetik

Quadratische Gleichung: $x^2 + px + q = 0. \quad x_{1,2} = -\frac{p}{2} \pm \sqrt{\frac{p^2}{4} - q}$

$$x_1 + x_2 = -p; \quad x_1 \cdot x_2 = q.$$

Kubische Gleichung: $x^3 - 3ax + 2b = 0;$

$$b^2 - a^3 > 0: \; u_1 = \sqrt[3]{-b + \sqrt{b^2 - a^3}}; \quad u_2 = \sqrt[3]{-b - \sqrt{b^2 - a^3}}$$

$$x_1 = u_1 + u_2; \quad x_{2,3} = -\frac{u_1 + u_2}{2} \pm \frac{u_1 - u_2}{2} i\sqrt{3}$$

$$b^2 - a^3 < 0: \; \cos\varphi = -\frac{b}{\sqrt{a^3}}. \quad x_1 = 2\sqrt{a}\cos\frac{\varphi}{3}; \quad x_{2,3} = -2\sqrt{3}\cos\left(60 \mp \frac{\varphi}{3}\right).$$

Formel

Arithmetische Reihe: $z = a + (n-1)d$; $s_n = \frac{n}{2}(a+z) = \frac{n}{2}[2a + (n-1)d]$.

Summe der n ersten Quadratzahlen $= \frac{n(n+1)(2n+1)}{6}$.

Summe der n ersten Kubikzahlen $= \left[\frac{n(n+1)}{2}\right]^2$.

Geometrische Reihe: $z = a\,q^{n-1}$; $s_n = a\,\frac{q^n - 1}{q - 1}$.

Unendliche geometrische Reihe: $q < 1$; $\lim\limits_{n \to \infty} s_n = \frac{a}{1-q}$.

Zinseszins; Kapital am Ende des n. Jahres: $b = a\,q^n$.

Nachschüssige Rente. Wert am Ende des n. Jahres $r\frac{q^n - 1}{q - 1}$.

Vorschüssige Rente. Wert am Ende des n. Jahres $r\,q\,\frac{q^n - 1}{q - 1}$.

Binomischer Lehrsatz für ganzzahlige Exponenten:

$$\binom{n}{k} = \frac{n(n-1)(n-2)\cdots(n-k+1)}{1 \cdot 2 \cdot 3 \cdots k}$$

$$(a+b)^n = a^n + \binom{n}{1}a^{n-1}b + \binom{n}{2}a^{n-2}b^2 + \cdots + \binom{n}{n-1}a\,b^{n-1} + b^n.$$

Trigonometrie

Sinus 

Kosinus 

Tangens
Kotangens 

$\sin(90^0 - \alpha) = \cos\alpha$	$\cos(90^0 - \alpha) = \sin\alpha$
$\sin(90^0 + \alpha) = \cos\alpha$	$\cos(90^0 + \alpha) = -\sin\alpha$
$\sin(180^0 - \alpha) = \sin\alpha$	$\cos(180^0 - \alpha) = -\cos\alpha$
$\sin(180^0 + \alpha) = -\sin\alpha$	$\cos(180^0 + \alpha) = -\cos\alpha$
$\mathrm{tang}(90^0 - \alpha) = \mathrm{cotg}\,\alpha$	$\mathrm{cotg}(90^0 - \alpha) = \mathrm{tang}\,\alpha$
$\mathrm{tang}(90^0 + \alpha) = -\mathrm{cotg}\,\alpha$	$\mathrm{cotg}(90^0 + \alpha) = -\mathrm{tg}\,\alpha$
$\mathrm{tang}(180^0 - \alpha) = -\mathrm{tang}\,\alpha$	$\mathrm{cotg}(180^0 - \alpha) = -\mathrm{cotg}\,\alpha$
$\mathrm{tang}(180^0 + \alpha) = \mathrm{tang}\,\alpha$	$\mathrm{cotg}(180^0 + \alpha) = \mathrm{cotg}\,\alpha$

$\sin 0^0 = \cos 90^0 = 0$ $\quad\sin^2\alpha + \cos^2\alpha = 1$ $\quad\mathrm{tang}\,\alpha \cdot \mathrm{cotg}\,\alpha = 1$

$\sin 30^0 = \cos 60^0 = \frac{1}{2}$

$\sin 45^0 = \cos 45^0 = \frac{1}{2}\sqrt{2}$ $\quad\mathrm{tang}\,\alpha = \frac{\sin\alpha}{\cos\alpha}$ $\quad\sin\alpha = \frac{\mathrm{tang}\,\alpha}{\sqrt{1 + \mathrm{tang}^2\alpha}}$

$\sin 60^0 = \cos 30^0 = \frac{1}{2}\sqrt{3}$ $\quad\cos\alpha = \frac{1}{\sqrt{1 + \mathrm{tang}^2\alpha}}$.

$\sin 90^0 = \cos 0^0 = 1$

$$\sin(\alpha \pm \beta) = \sin\alpha\cos\beta \pm \cos\alpha\sin\beta \qquad \sin\alpha + \sin\beta = 2\sin\frac{\alpha+\beta}{2}\cos\frac{\alpha-\beta}{2}$$

$$\cos(\alpha \pm \beta) = \cos\alpha\cos\beta \mp \sin\alpha\sin\beta \qquad \sin\alpha - \sin\beta = 2\cos\frac{\alpha+\beta}{2}\sin\frac{\alpha-\beta}{2}$$

$$\operatorname{tang}(\alpha \pm \beta) = \frac{\operatorname{tang}\alpha \pm \operatorname{tang}\beta}{1 \mp \operatorname{tang}\alpha\operatorname{tang}\beta} \qquad \cos\alpha + \cos\beta = 2\cos\frac{\alpha+\beta}{2}\cos\frac{\alpha-\beta}{2}$$

$$\sin 2\alpha = 2\sin\alpha\cos\alpha \qquad \cos\alpha - \cos\beta = -2\sin\frac{\alpha+\beta}{2}\sin\frac{\alpha-\beta}{2}$$

$$\cos 2\alpha = \cos^2\alpha - \sin^2\alpha = 2\cos^2\alpha - 1 = 1 - 2\sin^2\alpha \qquad \operatorname{tang}2\alpha = \frac{2\operatorname{tang}\alpha}{1-\operatorname{tang}^2\alpha}$$

$$2\sin^2\frac{\alpha}{2} = 1 - \cos\alpha \qquad 2\cos^2\frac{\alpha}{2} = 1 + \cos\alpha$$

$$\frac{a}{\sin\alpha} = \frac{b}{\sin\beta} = \frac{c}{\sin\gamma} = 2r. \qquad a^2 = b^2 + c^2 - 2bc\cos\alpha$$

$$\frac{a+b}{a-b} = \frac{\operatorname{tang}\frac{\alpha+\beta}{2}}{\operatorname{tang}\frac{\alpha-\beta}{2}} \qquad \frac{a+b}{c} = \frac{\cos\frac{\alpha-\beta}{2}}{\sin\frac{\gamma}{2}} \qquad \frac{a-b}{c} = \frac{\sin\frac{\alpha-\beta}{2}}{\cos\frac{\gamma}{2}}$$

$$\operatorname{tang}\frac{\alpha}{2} = \sqrt{\frac{(s-b)(s-c)}{s(s-a)}} = \frac{\varrho}{s-a} \qquad \varrho = \sqrt{\frac{(s-a)(s-b)(s-c)}{s}}$$

$$F = \frac{1}{2}ab\sin\gamma = \varrho s.$$

Sphärische Trigonometrie

$$\cos a = \cos b\cos c + \sin b\sin c\cos\alpha \qquad \frac{\sin a}{\sin\alpha} = \frac{\sin b}{\sin\beta} = \frac{\sin c}{\sin\gamma}$$

$$\cos\alpha = -\cos\beta\cos\gamma + \sin\beta\sin\gamma\cos a$$

$$F = \frac{\varepsilon}{360}\cdot\text{Halbkugel}; \qquad \varepsilon = \alpha + \beta + \gamma - 180^0$$

Npersche Regel: Im rechtwinkligen Dreieck ist der Kosinus eines Stückes gleich dem Produkt der Sinus der beiden nicht benachbarten Stücke oder gleich dem Produkt der Kotangenten der beiden anliegenden Stücke, wenn man den rechten Winkel nicht mitzählt und für die Katheten ihre Komplemente setzt.

Analytische Geometrie

$$P_1P_2 = \sqrt{(x_2-x_1)^2 + (y_2-y_1)^2}$$

$$P_1P_3 : P_2P_3 = \lambda \qquad x_3 = \frac{x_1 - \lambda x_2}{1-\lambda} \qquad y_3 = \frac{y_1 - \lambda y_2}{1-\lambda}.$$

$$\Delta P_1P_2P_3 = \frac{1}{2}[y_1(x_2-x_3) + y_2(x_3-x_1) + y_3(x_1-x_2)].$$

Parallelverschiebung des Koordinatensystems: $x = x' + a \qquad y = y' + b$

Drehung des Koordinatensystems: $x = x'\cos\alpha - y'\sin\alpha$

$y = x'\sin\alpha + y'\cos\alpha.$

Gerade Linie: $y - y_1 = \frac{y_2-y_1}{x_2-x_1}(x-x_1) \qquad y = mx + b \qquad \operatorname{tg}\alpha = \frac{m_2-m_1}{1+m_1m_2}$

$$\frac{x}{a} + \frac{y}{b} = 1 \qquad x\cos\alpha + y\sin\alpha - d = 0.$$

Kreis: $x^2 + y^2 = r^2 \qquad (x-a)^2 + (y-b)^2 = r^2$

Tangente (Polare) $xx_1 + yy_1 = r^2 \qquad (x-a)(x_1-a) + (y-b)(y_1-b) = r^2.$

Ellipse: $\frac{x^2}{a^2} + \frac{y^2}{b^2} = 1 \qquad e^2 = a^2 - b^2 \qquad \varepsilon = \frac{e}{a} < 1 \qquad F = \pi a b$

Tangente (Polare) $\frac{x x_1}{a^2} + \frac{y y_1}{b^2} = 1$

Scheitelgleichung $y^2 = 2p x - \frac{p}{a} x^2 \qquad p = \frac{b^2}{a}.$

Konjug. Durchmesser $y = m_1 x \qquad y = m_2 x \qquad m_1 m_2 = -\frac{b^2}{a^2}.$

Hyperbel: $\frac{x^2}{a^2} - \frac{y^2}{b^2} = 1 \qquad e^2 = a^2 + b^2 \qquad \varepsilon = \frac{e}{a} > 1.$

Tangente (Polare) $\frac{x x_1}{a^2} - \frac{y y_1}{b^2} = 1$

Scheitelgleichung $y^2 = 2 p x + \frac{p}{a} x^2 \qquad p = \frac{b^2}{a}.$

Konjug. Durchmesser $y = m_1 x \qquad y = m_2 x \qquad m_1 m_2 = \frac{b^2}{a^2}$

Asymptoten $y = \pm \frac{b}{a} x.$

Parabel $y^2 = 2 p x$ Tangente (Polare) $y y_1 = p (x + x_1)$

Abschnitt $= \frac{4}{3} x_1 y_1.$

Differential- und Integralrechnung

$$\frac{d(u+v)}{dx} = \frac{du}{dx} + \frac{dv}{dx} \qquad \frac{d(uv)}{dx} = u\frac{dv}{dx} + v\frac{du}{dx} \qquad \frac{d\left(\frac{u}{v}\right)}{dx} = \frac{v\frac{du}{dx} - u\frac{dv}{dx}}{v^2}.$$

$$\frac{dy}{dx} = \frac{dy}{du}\,\frac{du}{dx} \qquad y = f(u) \qquad u = \varphi(x)$$

$$\frac{dy}{dx} = 1 : \frac{dx}{dy}$$

$$\frac{dx^n}{dx} = n x^{n-1} \qquad \frac{de^x}{dx} = e^x \qquad \frac{da^x}{dx} = a^x \ln a \qquad \frac{d\ln x}{dx} = \frac{1}{x}$$

$$\frac{d\sin x}{dx} = \cos x \qquad \frac{d\cos x}{dx} = -\sin x \qquad \frac{d\,\mathrm{tang}\, x}{dx} = \frac{1}{\cos^2 x} \qquad \frac{d\,\mathrm{cotg}\, x}{dx} = -\frac{1}{\sin^2 x}$$

$$\frac{d\arcsin x}{dx} = \frac{1}{\sqrt{1-x^2}} \qquad \frac{d\arccos x}{dx} = -\frac{1}{\sqrt{1-x^2}}$$

$$\frac{d\,\mathrm{arc\,tang}\, x}{dx} = \frac{1}{1+x^2} \qquad \frac{d\,\mathrm{arc\,cotg}\, x}{dx} = -\frac{1}{1+x^2}.$$

$$f'[x + \delta(x-a)] = \frac{f(x) - f(a)}{x - a} \qquad (0 < \delta < 1)$$

$$f(x) = f(0) + \frac{x}{1!} f'(0) + \frac{x^2}{2!} f''(0) + \cdots + \frac{x^n}{n!} f^{(n)}(0) + R_n$$

$$R_n = \frac{x^{n+1}(1-\delta)^n}{n!} f^{(n+1)}(\delta x) \qquad 0 < \delta < 1.$$

$$f(x+h) = f(x) + \frac{h}{1!} f'(x) + \frac{h^2}{2!} f''(x) + \cdots + \frac{h^n}{n!} f^{(n)}(x) + R_n$$

$$R_n = \frac{h^{n+1}(1-\delta)^n}{n!} f^{(n+1)}(x+\delta h) \qquad 0 < \delta < 1.$$

$$e = \lim_{n \to \infty} \left(1 + \frac{1}{n}\right)^n = 1 + \frac{1}{1!} + \frac{1}{2!} + \frac{1}{3!} + \cdots$$

$$e^x = \lim_{n \to \infty} \left(1 + \frac{x}{n}\right)^n = 1 + \frac{x}{1!} + \frac{x^2}{2!} + \frac{x^3}{3!} + \cdots$$

$$\sin x = x - \frac{x^3}{3!} + \frac{x^5}{5!} - \frac{x^7}{7!} + \cdots \qquad \cos x = 1 - \frac{x^2}{2!} + \frac{x^4}{4!} - \frac{x^6}{6!} + \cdots$$

$$\operatorname{arc\,tang} x = x - \frac{x^3}{3} + \frac{x^5}{5} - \frac{x^7}{7} + \cdots \qquad (-1 < x < +1)$$

$$\ln(1+x) = x - \frac{x^2}{2} + \frac{x^3}{3} - \frac{x^4}{4} + \cdots \qquad (-1 < x < +1)$$

$$\ln z = 2\left(x + \frac{x^3}{3} + \frac{x^5}{5} + \frac{x^7}{7} + \cdots\right), \qquad x = \frac{z-1}{z+1}.$$

$$\ln(x+y) = \ln x + 2\left[\frac{y}{2x+y} + \frac{y^3}{3(2x+y)^3} + \frac{y^5}{5(2x+y)^5} + \cdots\right].$$

$$e^{ix} = \cos x + i \sin x \qquad \sin x = \frac{e^{ix} - e^{-ix}}{2i} \qquad \cos x = \frac{e^{ix} + e^{-ix}}{2}.$$

$$\sqrt[n]{r(\cos\varphi + i\sin\varphi)} = \sqrt[n]{r} \cdot e^{\frac{i\varphi}{n}}.$$

$$\int x^n\,dx = \frac{x^{n+1}}{n+1} + C \qquad (n \neq -1) \qquad \int \frac{dx}{x} = \ln x + C$$

$$\int e^x\,dx = e^x + C \qquad \int a^x\,dx = \frac{a^x}{\ln a} + C$$

$$\int \sin x\,dx = -\cos x + C \qquad \int \cos x\,dx = \sin x + C$$

$$\int \frac{dx}{\sin^2 x} = -\operatorname{cotg} x + C \qquad \int \frac{dx}{\cos^2 x} = \operatorname{tang} x + C$$

$$\int \frac{dx}{\sqrt{1-x^2}} = \arcsin x + C \qquad \int \frac{dx}{1+x^2} = \operatorname{arc\,tang} x + C.$$

Raum für weitere Formeln

Raum für weitere Formeln

Bei Fragen zur Produktsicherheit wenden Sie sich bitte an:
If you have any questions regarding product safety,
please contact:

Walter de Gruyter GmbH
Genthiner Straße 13
10785 Berlin
productsafety@degruyterbrill.com